# Wirkungsvolle Webinare und Onlineseminare gestalten

Ben Kaiser

**Bibliografische Informationen der Deutschen Nationalbibliothek:**

Die Deutsche Nationalbibliothek verzeichnet diese Publikation in der Deutschen Nationalbibliografie. Detaillierte bibliografische Daten sind im Internet über https://www.dnb.de abrufbar.

**Hinweise:**



**Haftungsausschluss:**



1. Auflage August 2020
Wirkungsvolle Webinare und Onlineseminare gestalten
ISBN-13 : 979-8669960636

# INHALT

# Einleitung

Die Online-Welt ist schnelllebig und kurzweilig und wer sich nicht geschickt positionieren kann, wird schnell von der Konkurrenz verdrängt. Eine gute Möglichkeit, Bekanntschaft zu erlangen, neue Kunden zu generieren und sein Produkt zu präsentieren, ist das Webinar.

Als Webinar oder auch Webcast wurde früher ein Online-Seminar bezeichnet, bei dem der Redner, also Sie, mithilfe einer Kamera und eines Vortrags sein Wissen an seine Zuhörer weitergegeben hat, die allerdings nicht im selben Raum saßen, sondern überall verteilt auf der Welt vor ihren eigenen Computern und sich auf diese Weise fortbildeten, informierten oder ausbilden ließen.

Heutzutage versteht man unter einem Webinar verschiedene Arten der Online-Präsenz. Sie können damit Ihre Kunden fortbilden, aber beispielsweise auch direkt mit ihnen interagieren, Ihre Zielgruppe befragen, Daten gewinnen und auch Ihre Produkte anpreisen und verkaufen. Vielleicht haben Sie sich schon dazu entschieden, dass das Webinar die für Sie passende Form der Präsentation ist, wissen aber nicht genau, wie Sie ein Webinar erstellen, dass dann bei Ihren Kunden oder Ihrem Chef und den Kollegen auf positive Resonanz trifft.

Wenn Sie nun dieses Buch in den Händen halten, haben Sie den ersten Schritt zu einem wirksamen Webinar, Web-Seminar oder einem Online-Kurs bereits getan. Hier werden Sie lernen, wie es richtig geht, wo Sie beginnen sollen und worauf Sie unbedingt achten müssen. In überschaubaren Kapiteln liefern wir Ihnen Schritt-für-Schritt Anleitungen, wie Sie Ihr Webinar planen können, was Sie bei der Erstellung beachten müssen und auch, was eigentlich einen guten Moderator ausmacht und welche Fähigkeiten er mitbringen muss.

Sie erfahren detailliert alle Vor- und Nachteile, die die Erstellung eines Webinars für Sie bereithält, lernen die Planung Ihres Webinars aufgeräumt und sortiert durchzuführen und dabei auf die Dinge zu achten, auf die es wirklich ankommt, damit Ihr Webinar ein Erfolg wird.

Wir gehen auf die Technik ein, die Sie für ein Webinar benötigen und beschreiben Ihnen haargenau, worauf Sie bei Bild und Ton achten müssen und welche Formate und Perspektiven sich für Sie eignen. Auch, wie Sie den Hintergrund und Ihre Vortragsmaterialien gestalten müssen, um den Split-Attention-Effekt zu vermeiden, werden Sie in diesem Buch lernen. Zur Vermarktung Ihres Webinars über verschiedene Plattformen werden Sie in diesem Buch ebenfalls hilfreiche Marketing-Tipps finden. Wie bewerben Sie Ihr Webinar? Was ist die Landing-Page und woher kommen Ihre Teilnehmer?

Ein großer Abschnitt wird sich mit den Eigenschaften eines guten Moderators beschäftigen. Lernen Sie, warum Sie manche Dinge so und andere anders präsentieren sollten, welche Tipps und Tricks Sie anwenden können und was für einen Nutzen Gadgets für Sie haben.

Wir bringen Ihnen die Methoden der Lerntheorie und der Webinare näher und helfen Ihnen, die Interaktion mit Ihren Teilnehmern zu verbessern. Auch den Umgang mit „schwierigen" Teilnehmern können Sie durch dieses Buch besser händeln. Schlussendlich beschäftigen wir uns auch mit dem Follow-up und der Nachbereitung des Webinars. Hier liefern wir Ihnen bestimmte Kennzahlen und erklären den Vorteil von der Verteilung von Zusatz-Content an Ihre Teilnehmer.

Abschließend finden Sie einige Checklisten im Buch, die Ihnen den Umgang mit dem Webinar erleichtern können. Wir liefern konkrete Beispiele zu den einzelnen Thematiken und erleichtern Ihnen somit die Planung, Erstellung, den Vortrag selbst und die Nachbereitung Ihres Webinars!

Mit dem Wissen in diesem Buch können Sie final sogar Videokonferenzen sicher organisieren und erfolgreich abhalten.

# Begriffsbestimmung

Im Internet, oder wenn Sie sich vielleicht schon auf andere Art mit Webinaren auseinandergesetzt haben, kursieren verschiedene Begrifflichkeiten. Diese können bis zu einem gewissen Grad synonym verwendet werden und „Webinar“ kann als Überbegriff allen Sparten zugeordnet werden, jedoch möchten wir Ihnen einmal kurz die Unterschiede und Gemeinsamkeiten aufzeigen.

Der Einfachheit geschuldet wird im weiteren Verlauf dieses Buches weitläufig nur der Begriff „Webinar“ benutzt. Natürlich gelten alle hier angesprochenen Tipps und Beschreibungen genauso für andere Arten des Online-Vortrags, wie Live-Online-Seminare, Video-Trainings und andere Formate.

# LIVE-ONLINE-SEMINAR

Hier handelt es sich um Lehrveranstaltungen, Fortbildungsveranstaltungen und Online-Kurse, bei denen allgemein die Vermittlung von Wissen und Fähigkeiten im Vordergrund steht. Die Art des vermittelten Wissens ist hierbei egal. Es kann sich um Fachvorträge zum Thema Medizin handeln oder um handwerkliche Do-it-Yourself-Videos.

Oft sind Live-Online-Seminare in kleineren Gruppen bis zu 15 Teilnehmern abzuhalten, können aber natürlich auch mit unbegrenzter Teilnehmerzahl stattfinden. Wie stark Sie Ihre Teilnehmer in Interaktion treten lassen und welche Formen der Interaktion Sie hierbei nutzen, kommt individuell auf die Teilnehmeranzahl und das Format Ihres Online-Seminars („Webinars") an. Ein Beispiel wäre, dass Sie Ihre Teilnehmer in der Folgeveranstaltung zum ersten Live-Online-Seminar die Lernziele des ersten Seminars abfragen, um zu ermitteln, wie erfolgreich sich Ihre Teilnehmer das von Ihnen vermittelte Wissen merken konnten.

# WEBINARE

Früher war unter dem Begriff „Webinar“ prinzipiell alles zusammengefasst, was Online live oder auf Abruf von Teilnehmern gebucht und angesehen werden konnte. Allerdings versteht man heutzutage unter einem Webinar nicht mehr nur eine Fortbildungsveranstaltung, sondern Sie können damit prinzipiell alles präsentieren und vorstellen, was Sie möchten. Produkte, Produkt-Launches, Produkterklärungen oder alles, was Ihrer Vorstellungskraft entspringt. Auch reine Unterhaltungs-Webinare sind denkbar, ebenso wie Diskussionsrunden oder andere Formate.

Das macht das Webinar zu einem sehr beliebten und erfolgreichen Vertriebskonzept, um verschiedene Ziele zu erreichen.

- Leads erzeugen: Dies bedeutet, dass Sie mit Ihrem Webinar potenzielle Kunden anwerben, die im besten Fall dann bei Ihnen einkaufen. Sie haben also ein kommerzielles Ziel bei der Erstellung Ihres Webinars im Sinn.
- Latente Kaufbereitschaft konkretisieren: Kunden, die bereits über einen Kauf bei Ihnen nachdenken, können mit einem guten Webinar letztendlich davon überzeugt werden, dass sich der Kauf lohnt.
- Vertriebseffizienz steigern: Die Vertriebszahlen stehen oftmals bildgebend für den Erfolg eines

Unternehmens / eines Produktes und können über erfolgreiche Webinare gesteigert werden.

- Kundenpflege: Beispielsweise können Sie Ihren Kunden die Handhabung eines Produktes erklären, welches diese bei Ihnen gekauft haben, oder Sie stellen Ihren Bestandskunden die neuen Produkte Ihrer Firma vor und bewerben diese.
- Verkauf, Vertrieb, Produkt-Launches: Alles, was mit der Bewerbung neuer oder bereits beständiger Produkte zu tun hat, kann auch in Form eines Webinars stattfinden.

Sie sehen, ein Webinar wird von vielen heutzutage als Marketing- und Vertriebsinstrument genutzt und kann Ihnen in diesem Bereich gute Dienste leisten. Aber auch der ältere Zweck von Webinaren – Teilnehmer fortzubilden und auszubilden – kann das Webinar immer noch übernehmen. Es bleibt dabei Ihnen überlassen, ob Sie es „Webinar“ oder „Live-Online-Seminar“ nennen wollen.

## VIDEO-TRAININGS

Dies sind professionell produzierte Videos, die Sie nicht live präsentieren, sondern auf Abruf Ihren Kunden zur Verfügung stellen. Dies ist auch eine Form des Webinars und kann in diese Kategorie eingeordnet werden. Der Unterschied ist, dass Sie hier, dadurch, dass Sie nicht live auftreten, Passagen bearbeiten, schneiden oder ganz löschen können. Dies gibt Ihnen in der Gestaltung Ihrer Video-Trainings noch einmal mehr Spielraum und kann für eine lockere Atmosphäre sorgen.

Natürlich können Sie auch einmal live abgehaltene Webinare in ein Video-Training verwandeln.

# Warum ein Webinar?

Woher wissen Sie, ob sich ein Webinar für Sie eignet? Diese Frage ist eigentlich recht einfach zu beantworten: Alle Anbieter von Dienstleistungen sind auf die Gewinnung und Bindung von Kunden angewiesen. Denn nur wenn Sie Kunden haben, die regelmäßig bei Ihnen kaufen und sie weiterempfehlen, können Sie Umsatz generieren und Ihr Produkt bekannt machen.

Dies kann perfekt über ein Online-Medium geschehen. So bilden Sie Vertrauen zwischen Ihnen, Ihrem Produkt oder Ihrer Dienstleistung, und Ihren potenziellen Kunden, ohne dabei direkt vor Ort sein zu müssen.

Neben verschiedenen Online-Programmen, wie Social Media, Newslettern, Internetseiten und

Werbeanzeigen, eignet sich dafür auch das Webinar. Hier können Sie sich kurz, oder auch länger, Zeit nehmen, Ihr Produkt oder Ihre Dienstleistung anzupreisen, sich und Ihre Firma vorzustellen, die Vorzüge aufzuzeigen und sich Ihren Kunden auf die Art zu präsentieren, wie diese Sie sehen sollen.

# DIE STRATEGIE HINTER EINEM WEBINAR

Es gibt viele verschiedene Arten und Möglichkeiten, wie Sie Ihr Webinar aufbauen können. Angefangen von der Art des Vortrags, der Kleidung, die Sie dabei tragen, Ihrem Redestil und natürlich auch der gewählten Sprache und Ausdrucksweise, also ob Sie Ihre Teilnehmer duzen, mit ihnen in Umgangssprache kommunizieren, in gehobenerer Fachausdrucksweise sprechen oder sogar in einer Fremdsprache. Dies hängt ganz davon ab, welche Teilnehmer Sie in Ihrem Webinar erwarten und welches Thema Ihr Webinar behandelt. Denn nur, wenn Sie Ihre Teilnehmer gut kennen, können Sie auf deren Vorlieben und Erwartungen aufbauen und ein Webinar erstellen, dass diesen zusagt und Ihnen positives Feedback liefert. Über dieses positive Feedback erreichen Sie Ihre Ziele, die beispielsweise lauten könnten: Kundenbindung und Kundenvertrauen stärken, Neukunden gewinnen, den Umsatz steigern, ein Problem lösen oder bekannter werden.

**Zweck des Webinars**

In diesem Sinne müssen Sie Ihren Teilnehmern und / oder Kunden auch klar kommunizieren, was der Sinn und Zweck des von Ihnen angebotenen Webinars ist.

Dabei ist Ihrer Vorstellungskraft im Grunde keine Grenze gesetzt.

Sie können mit einem Webinar eine Online-Lehrveranstaltung halten, Weiterbildungen und Kurse online anbieten oder auch eine Besprechung mit Ihren Mitarbeitern und Kollegen abhalten. Genauso gut können Sie auch ein Produkt verkaufen oder ein Informations-Webinar rund um Ihr Produkt oder Unternehmen erstellen und es somit quasi bewerben und verkaufen. Auch eine Anleitung zu einem beliebigen Thema könnte in ein Webinar gepackt werden oder Sie möchten Ihre Teilnehmer und Zuschauer auf eine andere Art Unterhaltung bieten.

Ganz individuell ist hierbei auch die Interaktion mit Ihren Zuschauern und Teilnehmern. Bei einem firmeninternen Meeting oder einer Projektpräsentation wird oftmals mehr zwischen den einzelnen Parteien kommuniziert als beispielsweise bei einem Onlinekurs in Form eines Webinars, bei dem oft nur in Schriftform in einem Chat Fragen gestellt werden können.

Egal, für welche Form Sie sich letztendlich entscheiden oder zu welchem Zweck Sie Ihr Webinar entwerfen, es gibt für jede Art die richtige Technik und die richtige Kundschaft.

**Branding**

Wenn Sie mehr als ein Webinar planen, vielleicht sogar eine ganze Reihe an Fortbildungsveranstaltungen oder

Informationsveranstaltungen rund um eines oder mehrere Ihrer Produkte, ist es sinnvoll, diese entsprechend zu kennzeichnen – auch als Branding bezeichnet. „Branding" beschreibt die spezifische Darstellung Ihres Webinars und / oder Ihrer Marke. Hierzu können Sie die Webinar-Reihe beispielsweise mit einem Logo versehen. Es muss Ihren Teilnehmern am besten schon im Titel oder spätestens in einer kurzen Beschreibung klar ersichtlich sein, welchen Inhalt sie von Ihrem Webinar erwarten können, welche Vorteile ihnen eine Teilnahme bringt und welche Probleme Sie für Ihre Kunden durch das Webinar lösen können. Sie beschreiben mit dem Branding quasi den Daseinszweck Ihres Webinars, seinen inneren Kern, den Grund für seine Existenz.

Dahin gehend können Sie durch geschicktes Branding einerseits Webinar-Reihen inhaltlich, aber auch optisch als einander zugehörig darstellen. Andererseits sehen Ihre zukünftigen Teilnehmer und Kunden direkt, beispielsweise an einem anderen Logo oder Titelbild und natürlich am Titel des Webinars selbst, ob dieses zu einer bestimmten Reihe gehört oder beispielsweise von einem anderen Produkt Ihres Unternehmens handelt.

Außerdem erkennen Ihre Teilnehmer und Kunden Ihre Webinar-Präsentationen so besser wieder. Ohne zu lesen, von wem das Webinar ausgerichtet oder abgehalten wird, sehen Sie die Antwort bereits an einem Logo oder an einem bestimmten, für Sie und Ihre Produkte typischen Aufbau. Dies steigert Ihren Wiedererkennungswert, stärkt die Kundenbindung und Sie und Ihre Webinare werden in der Fülle der angebotenen Online-Veranstaltungen schneller erkannt.

**Add-ons**

Bevor Sie mit Ihrem Webinar online gehen, können Sie über nützliche Zusatzangebote nachdenken, die Sie Ihren Kunden und Teilnehmern im Rahmen des Webinars anbieten können.

Dies könnte ein Buch sein, welches den Inhalt des Webinars ergänzt und weiter in die Tiefe eindringt, aber in bestimmten, inhaltlich passenden Bereichen auch wieder auf das Webinar verweist, sodass Ihre Kunden beide Angebote nutzen wollen, um voll von Ihrem Angebot profitieren zu können.

Auch ein Arbeitsbuch bietet sich an, bei dem Ihre Webinar-Teilnehmer direkt während des Webinars Arbeitsschritte ausführen und / oder sich Notizen dazu machen können. Dieses eignet sich auch hervorragend als interaktive Mitschrift und kann von Ihnen mit Aufgaben bestückt werden, die während des Webinars zu lösen sind. Dies fördert die Interaktion mit Ihren Zuschauern und Sie können während des Webinars immer wieder auf eine Grafik oder Aufgabe verweisen, die Ihre Teilnehmer im Arbeitsbuch finden.

In diesem Falle sollten Sie von vornherein klar darstellen, dass es sinnvoll – oder sogar Voraussetzung – ist, sich das Arbeitsbuch vor dem Ansehen des Webinars zuzulegen, sodass das volle Angebot ausgeschöpft werden kann.

Ein weiterführender Podcast ist ebenfalls ein beliebtes Mittel, um Kunden zu binden und gleichzeitig Informationen weiterzugeben, die in diesem Falle auf den Inhalten des Webinars aufbauen können, sodass Ihr Kunde von diesem Mehrwissen profitiert.

Damit Ihre Kunden und Teilnehmer diese Add-ons auch finden, können Sie natürlich am Ende des Webinars auf diese hinweisen. Auch ideal ist eine Landing-Page, auf der ausschließlich das Webinar und seine Add-ons beworben werden. Hier können Sie auch klar darstellen, welche Add-ons vor und welche erst nach dem Webinar sinnvoll zu nutzen sind. Mehr zur Landing-Page finden Sie im Kapitel über das Marketing rund um Ihr Webinar.

**Kongruent bleiben**

Kongruent bedeutet „in allen Punkten übereinstimmend", in der Mathematik ist es ein Synonym für „deckungsgleich". Dies bedeutet, dass Sie in allem, was Sie tun, immer übereinstimmend handeln und sich präsentieren sollten. Achten Sie darauf, dass Sie sich selbst treu bleiben, authentisch handeln und sich so darstellen, wie Sie sind und / oder gesehen werden wollen. Denn schnell lässt es Ihre Teilnehmer an Ihrer Kompetenz zweifeln, wenn Sie in Ihren Webinaren gegensätzliche Meinungen vertreten und quasi „einmal so und beim nächsten Mal wieder anders" handeln und darstellen. Dies lässt Sie unglaubwürdig wirken und die Teilnehmer werden sich gegen Ihr Produkt oder einen Folgekurs entscheiden und sich stattdessen nach Alternativen umsehen.

Auch eine persönliche Note ist im Webinar immer von Vorteil. Sprechen Sie mit Ihren Teilnehmern auf einer Ebene. Auch ab und an eine Anekdote oder eine lustige kurze Geschichte sind nicht verboten oder verpönt, wenn dies zum Thema passt und eine gewisse Quintessenz, einen Mehrwert, beinhaltet.

Versuchen Sie, sich nicht zu verstellen. Dies wird Ihnen die Erstellung von Webinar-Reihen deutlich erleichtert, da Sie sich so geben können, wie Sie sind und sich voll auf Ihr Thema, statt auf Ihre Schauspielkünste konzentrieren können. Oft entscheiden Kunden auch aufgrund von Sympathie oder Antipathie darüber, ob sie ein Produkt bei Ihnen kaufen oder bei der Konkurrenz. Hier müssen Sie ehrlich zu sich selbst und Ihren Kunden sein.

# VORTEILE DES WEBINARS

In diesem Kapitel finden Sie noch einmal alle Vorteile des Webinars stichpunktartig aufgelistet:

- Online Kommunikation mit Kunden und Neukunden
- Kundenbindung durch Präsenz, auch unabhängig von Ort und Zeit
- Einmaliges Erstellen des Webinars, danach online selbstständig abrufbar
- Live-Webinare mit Interaktionsmöglichkeiten mit Kunden
- Vorstellung des Unternehmens / der Produkte / einer Dienstleistung
- Einmalig Erklärtes muss nicht wiederholt erklärt werden, durch Verweis auf das Webinar
- Erstellung von Online-Kursen als Fortbildungsangebot
- Erreichen von vielen Personen gleichzeitig, oftmals mehr, als bei einem Präsenzvortrag möglich wären
- Breite Gestaltungsmöglichkeiten
- Verpacken und Transportieren von Botschaften.

## NACHTEILE DES WEBINARS

Nachteile gibt es kaum, wenn man über Webinare und deren Nutzen nachdenkt. Dennoch sollen Sie in diesem Buch umfassend über die Vorteile, aber auch die Nachteile und den Aufwand der Webinar-Erstellung und Präsentation aufgeklärt werden.

- Hoher technischer Aufwand bei der Erstellung
- Kenntnisse oder Expertise im Umgang mit Webinar-Plattformen und Technik von Vorteil
- Live-Webinare sind zeitintensiv und arbeitsintensiv
- Live-Webinare benötigen oft mehr als eine Person zur Durchführung.

# WAS BRINGT IHNEN DIE ERSTELLUNG EINES WEBINARS WIRKLICH?

Viele Vorteile bringt das Webinar mit sich, dies haben Sie nun schon erfahren, doch was bringt Ihnen ein Webinar nun wirklich. Die ungeschönte Wahrheit: So viel, wie Sie in die Erstellung und Durchführung investieren.

Ein Webinar kann Ihnen bei der Bewerbung Ihrer Produkte und bei der Kundenbindung sehr von Vorteil sein. Dazu sollten Sie stets dafür sorgen, dass Ihr Webinar qualitativ hochwertig aussieht, mit reibungsloser Technik läuft und die Inhalte interessant und informativ sind und Ihren Teilnehmern einen Mehrwert an Wissen oder Fähigkeiten bieten.

Natürlich ist auch gerade die Online-Kommunikation im eigenen Unternehmen, mit Mitarbeitern im Homeoffice oder mit Außenstellen über Webinare oder Videokonferenzen, die quasi identisch aufgebaut sein können, praktisch und erleichtert die Präsentation von firmeninternen Projekten erheblich.

# Erstellung von Webinaren

In diesem Kapitel lernen Sie alles, was Sie über die Erstellung Ihres Webinars wissen müssen, worauf Sie achten müssen, und Sie bekommen Tipps und Tricks an die Hand, mit denen von der Planung über die Erstellung bis zur Durchführung und Nacharbeitung Ihr Webinar ein voller Erfolg wird.

# PLANUNG UND VORÜBERLEGUNGEN FÜR IHR WEBINAR

Zu Beginn, bevor Sie damit starten, Ihr Webinar zu erstellen, sollten Sie sich Zeit für die Planung nehmen. Hier geht es vor allem um die Frage: Was wollen Sie mit Ihrem Webinar sagen? Welche Fragen wollen Sie beantworten, welche Inhalte Ihren Teilnehmern bieten und bei welchen Problemen können Sie Ihrer Zielgruppe helfen? Auch die Frage nach dem geeigneten Redner gehört in Ihre Vorüberlegung sowie die Bestimmung der Länge und der Aufteilung des Webinars. Hierzu können Sie sich eine Checkliste anfertigen oder den Vorschlag einer Checkliste, den Sie untenstehend finden, nutzen.

**Checkliste: Webinar-Planung**

1. Wer ist Ihre Zielgruppe?
2. Was ist der Zweck Ihres Webinars?
3. Wer ist als Moderator geeignet? Eignet sich eine Einzel- oder eine Doppelmoderation?
4. Wie lange soll das Webinar dauern?
5. Lohnt sich die Gliederung in mehrere Teile / Webinare?

**Zielgruppe definieren**

Der erste Punkt Ihrer Checkliste handelt von Ihrer Zielgruppe. Je nachdem, welche Menschen Sie mit Ihrem Webinar ansprechen wollen, müssen Sie es anders gestalten. Hierzu zählt zuerst die Frage, ob Sie Ihr Webinar firmenintern durchführen, beispielsweise als Besprechung oder Projektpräsentation, oder ob Sie damit als Unternehmen oder Dienstleister an die Öffentlichkeit treten und mit potenziellen Kunden kommunizieren.

Wenn Sie Ihre Zielgruppe grob definiert haben, geht es an die Feinabstimmung. Welche Menschen wollen Sie erreichen? Handwerker oder Banker? Eher Männer oder Frauen? Welches Alter, welches Einkommen, welchen demografischen Hintergrund haben Ihre zukünftigen Teilnehmer und welcher sozialen Schicht gehören Sie an? Dies gilt für alle Webinar-Formen, egal, ob Produktpräsentation oder Online-Workshop. Nur, wenn Sie Ihre Zielgruppe genau kennen, können Sie das Webinar nach deren Wünschen gestalten. Die Zielgruppe hängt sehr stark vom Thema ab, das Sie in Ihrem Webinar behandeln. Präsentieren Sie beispielsweise in Ihrem Webinar neue Videospiele, wird Ihre Zielgruppe eine andere sein, als wenn Sie Schmink-Tutorials produzieren wollen. Je nachdem legen Sie die ganze Gestaltung auf die Wünsche, Bedürfnisse und Vorlieben Ihrer Zielgruppe aus.

Richten Sie das Webinar nicht nach Ihrem Wissensstand aus, sondern orientieren Sie sich an dem Wissen, das Ihre Zielgruppe mitbringt. Sie sind der Experte oder haben einen Experten an Ihrer Seite, der den Teilnehmern Wissen vermitteln will. Dazu müssen Sie zuerst evaluieren, auf welchem Wissensstand Ihre zukünftigen Teilnehmer sind, und welche Dinge, die Ihnen vielleicht selbstverständlich erscheinen, Sie Ihren Teilnehmern im Rahmen des Webinars erklären und aufzeigen müssen.

Zeigen Sie Ihren Teilnehmern und Kunden direkt im Titel, welches Problem Sie in diesem Webinar für Sie lösen möchten. Dabei ist der Begriff *Problem* sehr weit zu fassen und kann von Ihnen voll ausgereizt werden.

**Ziel Ihres Webinars**

Im nächsten Punkt beschäftigen Sie sich mit dem Ziel und dem Zweck Ihres Webinars. Warum machen Sie genau dieses Webinar? Oder was wollen Sie generell mit der Erstellung eines Webinars erreichen?

Hier sind Sie in Ihrer Zielsetzung vollkommen frei. Sie können mit Ihrem Webinar die Kundenbindung zu bereits bestehenden Kunden vertiefen. Sie können versuchen, neue Kunden zu gewinnen oder den Launch eines neuen Produkts mit einem Webinar feiern und das Produkt direkt bekannter machen. Sie können aber auch ein Online-Lehrprogramm aufbauen, bei dem Sie

Ihren Teilnehmern etwas vermitteln und beibringen, was Sie besonders gut können.

Im letzten Fall wäre das Ziel Ihres Webinars: das Wissen und / oder die Fähigkeiten Ihrer Webinar-Teilnehmer zu vergrößern.

Eine generelle Regel gibt es: Definieren Sie Ihr Ziel so genau wie möglich und idealerweise mit konkreten Zahlen bestückt. Gerade zu Anfang demotiviert ein schwammig verfasstes Ziel, bei dem Sie nie wirklich sicher sind, ob Sie es erreicht haben.

Beispielsweise könnte Ihr Ziel lauten:

*Sie wollen mit Ihrem Webinar den Verkauf eines Produkts ankurbeln und allgemein bekannter werden.*

Hier ist fraglich, wann das Ziel als erreicht zu kennzeichnen ist. Reicht es, wenn Sie zwei neue Kunden gewonnen haben, sind Sie dann schon „bekannter geworden"? Oder wenn Sie Ihr angepriesenes Produkt fünfmal öfter verkauft haben als im Vormonat? Diese Ziele sind höchst individuell und müssen in jedem Fall und auch von Webinar-Termin zu Webinar-Termin neu definiert werden. Besser ist es, Sie formulieren Ihr Ziel wie folgt:

*Sie wollen mit Ihrem Webinar von Produkt x im nächsten Monat um 5 % höhere Verkaufszahlen erzielen und Ihre*

*Bekanntheit soll durch 25 % mehr Newsletter-Abonnenten gesteigert werden.*

Diese Ziele können Sie mit Zahlen darlegen und ganz objektiv bewerten. Wichtig ist auch, dass Sie sich eventuelle Zwischenziele stecken und notieren, wie Sie diese erreichen wollen. Dazu können Kleinigkeiten gezählt werden, wie die nötige Recherche zu erledigen, Experten aufzutreiben und für Ihr Webinar zu gewinnen oder das Equipment zu kaufen und Probeaufnahmen von Bild und Ton durchzuführen.

So stecken Sie sich gleichzeitig einen Plan beziehungsweise eine To-do-Liste ab, die Sie auf dem Weg von der ersten Idee bis zu Ihrem fertigen Webinar führen kann.

**Interesse wecken**

Machen Sie sich im Vorfeld Gedanken, wie Sie Ihre Teilnehmer anwerben können. Sie müssen es schaffen, das Interesse und die Neugierde Ihrer potenziellen Kunden zu wecken, sodass diese sich Ihr Webinar ansehen möchten. Hier kommt es auch darauf an, ob Sie ein kostenloses Webinar anbieten oder ein kostenpflichtiges Webinar verkaufen.

Bei kostenlosen Webinaren werden Sie mehr potenzielle Teilnehmer haben. Diese können aber ganz leicht abspringen, wenn Sie sie am Anfang nicht mit einem Aufhänger neugierig machen konnten und es werden nur noch wenige Zuschauer bis zum Ende dableiben.

Bei kostenpflichtigen Webinaren geht es noch stärker um das Marketing und das Wecken der Neugierde Ihrer Kunden, da Sie diese insoweit überzeugen müssen, dass es sich lohnt, Ihr Webinar zu kaufen.

Am besten platzieren Sie schon im Titel oder in der Kurzbeschreibung, mit der Sie Ihr Webinar überall bewerben, prägnante oder durchaus auch provokative Aussagen, die Ihre Teilnehmer einfangen und deren Interesse wecken, sodass sie bereit sind, für das Wissen, das Sie ihnen in Ihrem Webinar liefern wollen, zu bezahlen. Mehr zu diesem Thema finden Sie im Kapitel Marketing.

**Redner auswählen**

Auch über den Dozenten und eventuelle Moderatoren lohnt es sich, einmal nachzudenken. Möchten Sie selbst das Webinar halten? Oder möglicherweise gemeinsam mit einem Kollegen / einem Gastdozenten, der auf das Thema spezialisiert ist? In diesem Fall treten Sie vielleicht nur als Moderator auf, der die Teilnehmer managen kann, für Fragen im Chat zuständig ist und für den reibungslosen Ablauf und funktionierende Technik sorgt.

Gerade, wenn Sie planen, einen externen Dozenten zu engagieren oder einen Spezialisten zu sich zu holen, den Sie im Webinar beispielsweise live interviewen können, sollten Sie sich notieren, wer hierzu infrage kommt. Auch wenn Sie gerade nicht aktiv in der Vorbereitung zu einem Webinar stecken, lohnen sich solche Notizen. Wenn Ihnen dann wieder einfällt, dass Sie vor einigen Wochen oder sogar noch länger zurückliegend einen passenden Experten gesehen haben, von ihm gelesen haben oder dergleichen, können Sie in Ihren Notizen alles Wesentliche heraussuchen, um diesen Spezialisten zu kontaktieren.

Natürlich muss Ihr Redner einige Fähigkeiten mitbringen, die einen guten Dozenten ausmachen. Detailliertere Informationen dazu, welche Fähigkeiten Sie als Redner mitbringen müssen und worauf Sie noch als Moderator achten sollten, finden Sie in einem späteren Kapitel.

## Zeitpunkt und Länge festlegen

Ein Webinar ist zuallererst einmal ein Online-Live-Event. Das bedeutet, es findet an einem festgelegten Datum statt und die Teilnehmer können sich in Echtzeit einwählen, Ihre Präsentation ansehen und auch – sofern dies gewünscht ist – in Echtzeit Fragen stellen.

Deshalb ist es wichtig, dass Sie einen Zeitpunkt für Ihr Webinar festlegen, an dem dieses zum ersten Mal oder auch zum wiederholten Mal live stattfindet. Dabei ist es egal, ob Sie intern im eigenen Unternehmen ein Webinar oder ein Online-Meeting planen, ob Sie ein Webinar für Ihre Kunden erstellen oder einen Online-Kurs abhalten wollen.

Der Vorteil des Webinars ist, dass es, wie schon einmal erwähnt, danach unbegrenzt online gelassen werden kann, sodass sich immer neue Kunden Ihr Webinar kaufen können / es aufrufen können, um sich dieses anzusehen. Sie haben also quasi einmal den Aufwand des Aufzeichnens und Bearbeitens und können danach Kunden und Teilnehmer ansprechen, ohne noch viel aktiv dafür tun zu müssen.

Auch die Länge des Webinars ist wichtig. Ganz nach dem Satz: In der Kürze liegt die Würze! Je kürzer, desto besser, da Sie sich dann der Aufmerksamkeitsspanne Ihres Publikums gewiss sein können. Natürlich gibt es auch Themen, die etwas mehr Zeit brauchen, um sie wirklich zu verstehen, und gerade bei Kursen oder Weiterbildungen ist eine gewisse Zeit vonnöten und auch von den Teilnehmern gewünscht. Seien Sie sich hier bewusst, dass auch dies ein Punkt ist, der individuell je nach Zielgruppe, Zielsetzung und Zweck des Webinars variieren kann.

Orientieren Sie sich grob an der Zeitvorgabe, maximal 1,5 Stunden für Ihr Webinar einzuplanen. Gern gesehen ist es auch, wenn Sie – vor allem bei längeren

Webinaren – Ihre Inhalte in kürzeren Häppchen servieren, also mehrere kleinere Videos machen, ähnlich aufgebaut wie die Kapitel eines Buches, sodass sich Ihr Teilnehmer diese Videos einteilen kann und dazwischen auch eine Pause einlegen kann. Dies gilt nur für Webinare, die Ihre Teilnehmer sich nicht live, sondern im Nachhinein als Aufzeichnung ansehen können.

Doch auch bei einer längeren Live-Veranstaltung kann eine Pause eingeplant werden. Dies sollte immer im Vorfeld bekannt sein, sodass die Teilnehmer sich darauf einstellen können und nicht damit überrascht werden. Auch Veranstaltungen, die in Reihen ausgelegt sind, sind hier sinnvoll. So können Sie beispielsweise eine Webinar-Reihe planen, die jeden ersten Samstag im Monat fortführend über beliebig viele Teile aufeinander aufbaut.

Dies bietet sich vor allem für Kurse oder Online-Ausbildungen an.

**Format des Webinars**

Unter dem Format Ihres Webinars versteht sich alles, was Sie Ihrem Teilnehmer präsentieren. Sie können beispielsweise ein rein gesprochenes Webinar machen, bei dem Sie vor einem neutralen Hintergrund stehen oder sitzen und Ihre Informationen sprechend wiedergeben. Oder Sie binden eine Präsentation mit

Informationsfolien und Bildern ein. Auch ein Webinar in Bewegung ist möglich, also beispielsweise in einem Produktionsraum oder einer Werkstatt, durch die Sie mit der Kamera durchgehen, die Produktion bildlich zeigen und gleichzeitig dazu erklärend einsprechen können.

Auch Live-Events mit verschiedenen Gästen sind möglich, die dann zugeschaltet werden können. Wenn es gewünscht ist, können Sie auch verschiedene Teilnehmer per Video- oder Audio-Feed zuschalten, die dann Fragen stellen oder auch einen Beitrag zum Webinar leisten können. Hier sind Ihrer Fantasie keine Grenzen gesetzt.

Zum Format gehört auch die Frage der nutzbaren Endgeräte. Auf welchem Gerät sollen Ihre Teilnehmer sich Ihr Webinar anschauen können? Vielfach wird heutzutage auch das Smartphone zum Ansehen eines Webinars genutzt. Hier müssen Sie vor allem die kleinere Bildschirmgröße bedenken. Texte sollten deshalb groß und mit einer gut lesbaren Schrift dargestellt werden. Schaubilder oder Diagramme und Tabellen, die Sie präsentieren wollen, sollten möglichst einfach und unkompliziert gehalten werden, sodass sie auch vom Smartphone oder Tablet noch gut nachvollziehbar und erkennbar sind.

Auch die Darstellung der Dozenten sollte auf den verschiedenen Endgeräten bedacht werden und gehört zur Kategorie „Format" dazu. Wenn Sie viele Totalen wählen, also Aufnahmen, auf denen Sie den oder die Dozenten weit entfernt abgebildet haben, machen Sie es den Zuschauern auf Smartphone und Tablet schwerer, die Mimik und Gestik nachzuvollziehen. Wählen Sie hier auch zur Abwechslung mehrere Nahaufnahmen. Generell wirkt es dynamischer, wenn Sie Ihren Teilnehmern eine gute Mischung aus verschiedenen Ansichten bieten. Dies hält das Webinar belebt und beugt dem Aufkommen von Langeweile und der Suche nach Ablenkung vor.

**Ihre Botschaft**

Bleiben Sie bis zu einem gewissen Grad linear an Ihrem vorher ausgearbeiteten Konzept. Hier kann es helfen, sich ein kleines Drehbuch zu erstellen oder auch nur einen handschriftlichen Notizzettel, an dem Sie die verschiedenen Punkte notieren, über die Sie sprechen möchten.

Sonst besteht die Gefahr, dass Sie abschweifen und letztendlich über viele Themen gesprochen haben, aber am Ende der zur Verfügung stehenden Zeit nicht Ihre Kernaussage übermitteln konnten und die Problemlösung, die Sie Ihrem Teilnehmer zu Beginn des Webinars versprochen haben, ausgeblieben ist.

Damit dies nach Möglichkeit nicht passiert, sollten Sie grob einem roten Faden folgen, der Sie durch die

Thematik führt. So stellen Sie sicher, dass Ihre Teilnehmer genau das bekommen, was sie erwartet haben und was Sie ihnen versprochen haben. Sonst kommt schnell Unmut auf, wenn Sie Ihre Teilnehmer für etwas bezahlen lassen, was Sie ihnen nicht liefern konnten.

Natürlich ist in vielen Situationen auch Intuition und Spontaneität gefragt und Abweichungen von Ihrem Plan können – wenn es die Situation erlaubt – durchaus angebracht sein. Hierzu gehören Fragen oder Anmerkungen, wenn beispielsweise etwas nicht verstanden wurde. So kann es sein, dass Sie eine Thematik zweimal erklären müssen oder bei einer Produktpräsentation auf einen Einwand oder Bedenken von Teilnehmern eingehen sollten, um diese aus der Welt zu räumen und Ihre Teilnehmer von Ihrem Produkt zu überzeugen.

Hier profitieren Sie, wie bei so vielen anderen Dingen auch, von der Erfahrung, die Sie mit jedem Webinar sammeln und mit jeder Präsentation dazugewinnen. Seien Sie offen dafür, in Ihren eigenen Webinaren auch gewisse Dinge zu erlernen.

**Call-to-Action**

Denken Sie an Ihren Call-to-Action und planen Sie diesen direkt in Ihr Webinar ein.

Schließlich folgen Sie mit Ihrem Webinar einem bestimmten Zweck und um diesen zu erreichen, ist es nötig, Ihre Teilnehmer am Ende des Webinars zu einer Aktion / einer Handlung aufzufordern. Ihr Zuhörer ist nun gefüttert mit den Informationen und der Botschaft, die Sie ihm vermittelt haben und ist noch voll konzentriert mit seiner Aufmerksamkeit bei Ihnen.

Durch Ihren Call-to-Action fordern Sie ihn nun beispielsweise dazu auf, Ihren Newsletter zu abonnieren, um keine Angebote mehr zu verpassen. Oder Sie stellen ihm das nächste Webinar Ihrer Reihe vor, das er – vielleicht sogar mit einem kleinen Rabatt – direkt über einen Link buchen kann.

# VORBEREITUNG VON ANFANG BIS ENDE

In diesem Abschnitt finden Sie eine Schritt-für-Schritt-Vorlage zur Erstellung Ihrer eigenen Anleitung zur Vorbereitung Ihres Webinars. Diese Anleitung ist jederzeit individuell erweiterbar und kann Ihnen als grobe Vorgabe dienen.

1. **Zielsetzung**: Was wollen Sie mit Ihrem Webinar kommunizieren? Welches Thema wählen Sie?
2. **Zielgruppe**: Welche Menschen wollen Sie mit Ihrem Webinar erreichen?
3. **Moderator und Dozent**: Wer soll Ihr Webinar moderieren? Einzeln oder zu zweit? Eventuell mit externen Experten als Fachdozenten?
4. **Format**: Welches Format soll Ihr Webinar haben? Auf welchen Endgeräten soll es anzusehen sein?
5. **Skript**: Erstellen Sie sich einen Plan, welche Themen Sie abhandeln wollen und in welcher Reihenfolge: Folgen Sie dem „roten Faden“.
6. **Dokumentation**: Erfassen Sie alle Quellen von Informationen, Produkten und Einfällen, um diese später schneller wiederzufinden und zuordnen zu können.
7. **Üben**: Wiederholen Sie Ihr Webinar mehrfach als Trockenübung. Dabei können Sie zuerst die

Präsentation durchsprechen, um sich den Inhalt einzuprägen. Auch Testaufnahmen, um die Technik kennenzulernen, sind sinnvoll.

# NOTWENDIGE TECHNIK

Ohne eine funktionierende Technik ist kein Webinar möglich. Hier gibt es eine große Bandbreite an Equipment, das Sie sich anschaffen und welches Sie nutzen können. Es ist Ihnen selbst überlassen, wie viel Geld Sie für die Technik ausgeben möchten. Von High-End-Lösungen bis hin zur Aufzeichnung eines Webinars allein mit dem Handy ist alles möglich und je nach Ziel und Zweck des Webinars auch legitim.

**Die Kamera**

Grundsätzlich können Sie die Handykamera nutzen oder auch die eingebaute Kamera in Ihrem Laptop oder Mac-Book, etc. Auch die Tablet-Kamera kann Ihnen gute Dienste leisten. Zuerst kommt es darauf an, für welches Format Sie sich entschieden haben. Stehen Sie vielleicht vor einer Präsentation, die auch mit abgefilmt wird oder machen Sie einen Rundgang durch Ihr Labor? Für letzteres eignet sich eine mobile Kamera, im ersteren Beispiel können Sie die Kamera auf ein Stativ montieren oder die eingebaute Kamera Ihres Computers nutzen.

Achten Sie darauf, dass Sie möglichst frontal in die Kamera blicken, um mit Ihren Teilnehmern zu interagieren. Es kann sehr irritierend wirken, wenn Ihr Teilnehmer ständig das Gefühl hat, Sie sprechen mit ihm, Ihr Blick jedoch auf einen vom Teilnehmer

entfernten Punkt gerichtet ist. Machen Sie in Ruhe einige Testaufnahmen, um sich die Wirkung in Ruhe anzusehen.
Gerade bei einem Technikaufbau, bei dem Sie Tablet, Handy oder Computer nutzen, achten Sie darauf, nicht auf den Bildschirm zu blicken, sondern direkt in die kleine Kameralinse. Auch die Höhe der Kamera sollte gut bedacht werden, damit sie weder von zu weit oben – also quasi aus einer Art Vogelperspektive – gefilmt werden, noch das Bild von unten eingefangen wird. So verführen Sie Ihre Teilnehmer dazu, durch den freien Blick in Ihre Nasenlöcher abgelenkt zu werden.

Natürlich ist das Kamera-Set-up auch individuell davon abhängig, wie Sie Ihr Webinar gestalten. Zeigen Sie Ihren Teilnehmern beispielsweise handwerkliche Arbeitsschritte, eignet sich die Perspektive von oben auf Ihre Hände oder einen Tisch sehr gut, sodass nachvollzogen werden kann, welchen Arbeitsschritt Sie gerade erklärt haben. Präsentieren Sie andererseits Ergebnisse, zum Beispiel mithilfe einer PowerPoint-Präsentation, könnte ein mögliches Set-up folgendermaßen aussehen: Sie stehen oder sitzen neben einer weißen Leinwand, auf der Ihre Präsentation abläuft.

Ein Wechsel aus mehreren Perspektiven ist aktiver und kann Ihre Teilnehmer wachhalten und Ihr Webinar interessanter und lebendiger gestalten. Wenn Sie also Redepassagen haben, wählen Sie beispielsweise eine

Nahaufnahme Ihres Oberkörpers und gehen, wenn Sie etwas zeigen wollen, zurück auf eine Totale, wo dann Gadgets, die Präsentation oder bestimmte Arbeitsschritte besser dargestellt werden können.
Natürlich können Sie auch eine externe Videokamera für die Aufnahme Ihres Webinars nutzen. Oftmals ist, um diese anzuschließen, zusätzliche Software notwendig, die Sie sich anschaffen müssen, meist auch gegen einen gewissen Kaufpreis. Ein Anbieter von externen Kameras wäre beispielsweise Logitech. Hier bekommen Sie Webcams für verschiedene Einsatzgebiete, wie Business-Meetings oder Livestreams.

Hier kommt es ganz darauf an, was Sie zu investieren bereit sind, und welches Format Sie für Ihre Webinare gewählt haben. Gerade als Host, also als Ausrichter, eines Webinars sollte die Kameraqualität so gut sein, dass Ihre Teilnehmer Ihnen gern zusehen. Ein verpixeltes, qualitativ schlechtes Bild ist für den Zuschauer als anstrengend einzuordnen und wird die positive Resonanz auf Ihr Webinar schmälern und Ihre Teilnehmerzahlen sinken lassen.

**Der Ton**

Der Ton bildet das Herzstück Ihres Webinars. Nur durch den Ton kommunizieren Sie mit Ihren Teilnehmern und bringen diesen darüber Wissen und

Informationen dar. Legen Sie deshalb viel Wert auf eine gute Tonqualität, die auch nicht während des Webinars ruckelt oder Aussetzer aufweist. Ihre Teilnehmer werden es eher tolerieren, wenn das Bild ab und an hakt, als wenn der Ton stockt und Sie und Ihre Erklärungen - wofür Ihre Webinar-Teilnehmer wahrscheinlich sogar bezahlt haben - nicht mehr zu hören sind.

Zur Aufnahme des Tons eignet sich verschiedenes Equipment. Sie können - ähnlich wie beim Bild - mit dem Mikrofon arbeiten, welches in Ihren Laptop, in Ihr Handy oder Tablet bereits integriert ist. Dies bietet oftmals eine ausreichend gute Tonqualität. Ist Ihr Aufnahmeraum jedoch sehr groß, kann die Tonqualität leiden und Raumklänge oder der Hall Ihrer Stimme in dem großen Raum können störend einwirken.

Hier können Sie sich entweder mit einem Anstecker-Mikrofon behelfen, welches Sie sehr nahe am Mund tragen, ein Head-Set nutzen oder auch ein Podcast-Mikrofon als Mittel der Wahl aufstellen. Auch andere Arten von Mikrofonen eignen sich für die Webinar-Aufnahme. Zum Beispiel können Sie ein Moderatoren-Mikrofon nutzen, wie es oftmals im Fernsehen oder auf Bühnen genutzt wird, oder Sie halten ein klassisches Mikrofon, mit oder ohne Kabel, in der Hand, während Sie sprechen.

Auch die Apple AirPods können Sie für die Aufnahme nutzen, sowohl mit als auch ohne

Kopfhörerkabel. Die Charakteristik der menschlichen Stimme wird durch diese sehr gut aufgenommen und wiedergegeben.

Für Aufnahmen mit mehreren Moderatoren können Sie verschiedene Tonspuren aufzeichnen und über ein Mischpult schneiden oder Sie nutzen für alle Moderatoren ein zentral zwischen den Parteien platziertes Mikrofon. Hier wird nur eine einzelne Tonspur aufgezeichnet. Achten Sie darauf, dass die Moderatoren nicht gleichzeitig reden, dies führt sofort zu einer verminderten Tonqualität und sich überlagernde Stimmen sind für die Teilnehmer auch sehr schwer zu verstehen.

Halten Sie Nebengeräusche so gut wie möglich fern. Schließen Sie dazu Türen und Fenster, schalten Handys und dergleichen auf lautlos oder ganz aus und sorgen Sie dafür, dass beispielsweise auch das Haustier in einem anderen Bereich des Hauses untergebracht ist und Ihnen so keine unerwünschten Töne mit in die Aufnahme geraten. Gerade bei einem Live-Webinar ist dies von Vorteil, da diese Geräusche natürlich nicht, wie bei online verfügbaren Webinar-Aufzeichnungen, im Nachgang herausgeschnitten werden können.

Oftmals ist es tatsächlich so, dass Moderatoren und Redner von den Teilnehmern gleich als kompetenter wahrgenommen werden, wenn eine gute Tonqualität vorliegt. Investieren Sie also gegebenenfalls lieber in eine gute Tontechnik und sparen Sie an der Kamera.

**Das Licht**

Sorgen Sie dafür, dass der gesamte Bereich, den Sie später Ihren Webinar-Teilnehmern präsentieren, gut ausgeleuchtet ist. Hier eignet sich vor allem indirekte Beleuchtung. Als zusätzliche Lichtquellen eignen sich einige Videoleuchten ideal. Diese können Sie beliebig platzieren und so für eine schattenfreie Ausleuchtung der gewünschten Szene sorgen. Um das von den Videoleuchten abgestrahlte Licht etwas abzumildern und weicher zu machen, können Sie Frostfolien oder andere Abdeckungen, wie Butterbrotpapier, nutzen. Beispielsweise könnten Sie durch passende Abdeckungen auch farbiges Licht erzeugen, wenn dies Ihr Wunsch ist und zu Ihrem Webinar-Thema passt.

Achten Sie hier darauf, die Lichtquellen etwas seitlich zur Kamera anzuordnen und dies möglichst auf beiden Seiten. Licht, dass ausschließlich von oben kommt, wie das oftmals fest montierte Deckenlicht, taucht das gesamte Gesicht in Schatten und liefert keine idealen Ergebnisse. Auch sollte Ihre Lichtquelle keinesfalls ausschließlich von hinten kommen, da die Kamera dann oftmals Probleme hat, einen Fokuspunkt festzusetzen und die Lichtqualität an diesen anzupassen. Hier erscheint Ihr Moderator meist sehr dunkel, Gesichtszüge und Mimik sind dann kaum bis gar nicht zu erkennen.

Ein Tipp ist es, Baustrahler zu verwenden. Diese sind oftmals preisgünstiger als Fotoleuchten, strahlen aber dafür hell und mit sehr hartem Licht, was eine sehr schlechte Bildqualität zur Folge hat, da die angestrahlten Bereiche viel zu hell sind und in der Kamera-Aufnahme stark überbelichtet wiedergegeben werden. Decken Sie Ihre Baustrahler daher unbedingt mit Folien ab oder nutzen Sie sie als indirekte Lichtquelle, indem Sie beispielsweise die Wände anstrahlen und das zurückgeworfene, weichere Licht für Ihre Aufnahme nutzen.

## Welche Technik brauchen Sie?

Welche Art von Technik sich für Sie lohnt, kommt auf die Professionalität an, mit der Sie Ihr Webinar erarbeiten und halten wollen. Machen Sie nur ein einmaliges Meeting mit einem Mitarbeiter, der im Homeoffice arbeitet, so ist es zu verschmerzen, wenn Ton- und Bildqualität manchmal nicht ganz fehlerfrei arbeiten.

Bieten Sie jedoch Webinare für Kunden an, in denen Sie als Problemlöser auftreten, eine andere Dienstleistung anbieten oder Online-Fortbildungen halten, sollten Sie Wert auf eine gute Qualität der eingesetzten Technik legen. Schließlich bezahlen Ihre

Teilnehmer für Ihr Webinar oftmals Geld, sodass sie erwarten können, ein technisch zumindest größtenteils fehlerfreies Webinar zu bekommen, bei dem alles zu verstehen und alles zu sehen ist, was zu verstehen und zu sehen sein soll.

Dabei muss es nicht immer die High-End-Kamera sein oder das teuerste Mikrofon. Oftmals bieten auch schon die Utensilien, die Sie sowieso schon zu Hause – oder im Büro – haben, eine ausreichende Qualität.

Bei der Aufnahme des Tons bieten die verschiedenen Varianten Vor- und Nachteile, die Sie kennen sollten. Headsets oder Mikrofone, die nah am Mund getragen werden, haben oftmals eine deutlich bessere Qualität, als wenn Sie direkt über das Mikrofon Ihres Computers einsprechen. Hier werden Ihre Teilnehmer allerdings das Headset sehen können und Sie müssen vor dem Webinar entscheiden, ob Sie dies möchten oder lieber eine Variante nutzen, die weniger auffällig ist, wie beispielsweise ein Tischmikrofon.

Auch auf die Kamera sollten Sie nicht verzichten. Schließlich wird der Teilnehmer alle Sinne nutzen, um bei Ihrem Webinar dabei zu sein. Deshalb machen Sie ihn nicht nur zum Zuhörer, sondern auch zum Zuschauer und nutzen Sie die bildliche Darstellung Ihrer Inhalte. Selbst wenn Sie nichts zeigen oder keinen Arbeitsschritt per Video darbieten möchten, ist die reine Aufnahme Ihres Moderators ebenfalls von Vorteil, da sich Ihr Teilnehmer besser auf den Vortrag konzentrieren wird, wenn Sie alle seine Sinne einbinden. Beispielsweise ist es leichter, sich ablenken zu lassen, wenn Sie nur einer Stimme aus dem Computer folgen, vor Ihnen aber die gesamte Technik Ihres Laptops ungenutzt darauf wartet, bedient zu werden. Dies sind dann Teilnehmer, die sich mit dem Surfen im Netz oder dem Checken Ihrer E-Mails ablenken und Ihnen nicht mehr zu einhundert Prozent folgen.

Außerdem gibt es den sogenannten McGurk-Effekt, der besagt, dass Sie Menschen besser verstehen, wenn Sie ihnen beim Sprechen zusehen können. Unser Gehirn ist darauf ausgelegt, unwillkürlich die Lippenbewegungen aufzufangen und zu analysieren. Nutzen Sie diesen Effekt also in Ihrem Webinar, um die Konzentration Ihrer Teilnehmer hochzuhalten und für Dynamik zu sorgen. Bedenken Sie, dass Sie Ihre Geräte stets mit Kabel mit dem Computer verbinden. Bluetooth-Verbindungen sind störanfälliger und können teils erhebliche Qualitätseinbußen verursachen. Auch der Anschluss über Adapter und USB-Hubs sollte vermieden werden. Wenn möglich, schließen Sie die Geräte immer ohne Zwischenschaltung direkt an den Computer an. Dabei handelt es sich um die am wenigsten störanfällige Variante.

Um zu bestimmen, ob Ihr Equipment ausreicht oder in welchen Bereichen Sie eine Neuinvestition tätigen sollten, können Sie Probeaufnahmen machen und diese von Mitarbeitern, Freunden oder Kollegen beurteilen lassen.

**Kauf und Test der Technik und der Software**

Lassen Sie sich im Zweifelsfall gut beraten, welche Software zu welcher Hardware passt und welche Komponenten mit Ihrem System kompatibel sind. Hierzu können Sie sich in Fachmärkten informieren oder sich von Spezialisten die nötigen Komponenten einrichten lassen, wenn Sie wenig Technik-affin sind.

Bevor Sie diese neu erworbene oder neu entdeckte Technik dann im Webinar einsetzen, machen Sie sich mit ihr vertraut. Spielen Sie mehrere Szenarien durch und informieren Sie sich, wie sie eventuelle Fehler beheben können.

Natürlich können in einem Live-Event immer Probleme auftauchen, die Sie vorher nicht bedacht haben und die eine spontane Lösung erfordern. Viele technische Kleinigkeiten können Sie jedoch im Vorfeld bereits austesten und sich bei Bedarf die Lösung eines kleinen Problems notieren, sodass Sie im Live-Event schnell die Qualität wiederherstellen können.

## HINTERGRUNDGESTALTUNG IHRER AUFNAHME

Je nachdem, was Sie mit Ihrem Webinar bezwecken, ist die Gestaltung des abgefilmten Hintergrunds ein wichtiger Punkt. Hierbei sollte so wenig unnötiges Material auf dem Bild zu sehen sein wie möglich. Diese unwichtigen Dinge, wie beispielsweise Kabel, halbe Flipcharts, die nicht lesbaren Text enthalten, Türrahmen, ein Teil des Mikrofons, das hereinragt, Getränkeflaschen oder dergleichen, bieten eine hervorragende Ablenkung für den Teilnehmer, sodass dieser sich nicht länger auf den Inhalt Ihres Webinars konzentriert und vielleicht den Anschluss verliert oder wichtige Informationen verpasst.

Der Hintergrund sollte also so leer wie möglich sein und nur das enthalten, was Sie zur Präsentation brauchen. Beispielsweise eine Leinwand mit Ihrer PowerPoint-Präsentation oder bei handwerklichen Anleitungen Ihren Arbeitsbereich und alle für die durchzuführende Arbeit notwendigen Werkzeuge.

Wenn Sie live auf einer Flipchart etwas aufmalen oder zeichnen möchten, nutzen Sie einen Stift, der auch in der Aufnahme gut sichtbar ist. Am besten eignet sich schwarzer, dicker Filzstift auf weißem Papier. Bedenken Sie hier wieder, dass auch Teilnehmer, die Ihr

Webinar vom Smartphone verfolgen, alle Ihre Inhalte gut lesen und erkennen sollen.

Möchten Sie Fotos oder Bilder im Hintergrund nutzen, um nicht vor einer vollkommen leeren Wand zu stehen, so wählen Sie Stillleben, Landschaften oder andere ruhige Darstellungen. Alles, was dynamische Tätigkeiten zeigt oder überladene Fotografien, wirkt ebenfalls ablenkend auf den Teilnehmer.

Nahezu alle genutzten Kameras sind mit Weitwinkelobjektiven ausgestattet, sodass das gesamte abgefilmte Bild scharf dargestellt werden kann. Wenn Sie sich nun vor einer Bücherwand platzieren oder vor einer Dokumentenwand, ist die Schrift oftmals noch erkennbar und auch lesbar. Dies lenkt vom eigentlichen Webinar-Inhalt ab, da Ihre Teilnehmer sich mit dem Entziffern der Schriftstücke beschäftigen, statt Ihren Ausführungen zuzuhören.

Achten Sie außerdem darauf, dass keine verfänglichen Dokumente – Stichwort Datenschutz – einzusehen sind und auch auf die Titel der Bücher, die in Ihrem Bild zu sehen sind, sollten Sie einmal einen kritischen Blick werfen, ob diese alle unverfänglich genug sind, um sie Ihren Teilnehmern zu präsentieren. Bedenken Sie immer: Mindestens ein Teilnehmer wird die Zeit nutzen und alle Titel der einzusehenden Bücher entziffern wollen.

Auch starke Schatten können eine Bildgestaltung recht störend erscheinen lassen. Hier kommt wieder die

Qualität des eingesetzten Lichtes in den Fokus. Weiches Licht, welches Sie beispielsweise durch eine Folie vor der Lichtquelle brechen, wirft sanftere Schatten und ist immer hartem Licht vorzuziehen. Natürlich ist auch die Bildgestaltung ein sehr individuelles Thema, das Sie passend zu Ihrem Webinar-Inhalt wählen und gestalten sollten. Bücher bieten sich beispielsweise bei einer Lehrveranstaltung eher an, als wenn Sie ein Kosmetik-Video drehen.

Achten Sie generell darauf, dass das Bild aufgeräumt und nicht zu überladen wirkt, sodass keine Ablenkung darin enthalten ist, Sie aber alle Dinge, die Sie für Ihre Präsentation brauchen, abbilden können.

# WAHRNEHMUNG IHRER TEILNEHMER

Die Wahrnehmung des Menschen ist nicht auf 100 % ausgelegt. Die Informationen, die das Gehirn in jedem Augenblick des Webinars aufnimmt und verarbeitet, sind vielfältig. Visuelle Informationen, wie das Bild, der Text, eine Präsentation, und auch die Audio-Spur, also Ihre Stimme und dergleichen, wird zu einem Gesamteindruck zusammengesetzt.

Die meisten Menschen sind visuell geprägt und nehmen mehr Informationen durch die Augen auf als durch die Ohren, sodass eine schöne Verpackung der Inhalte Ihren Teilnehmern oftmals wichtig oder manchmal sogar wichtiger ist als der Inhalt selbst. Natürlich ist dies kein Freibrief dafür, dass Sie Ihren gesprochenen Text vernachlässigen dürfen. Nur das Zusammenspiel einer schönen Verpackung und eines guten Inhaltes machen ein Webinar wirklich erfolgreich. Sie müssen sich also dennoch kompetent mit Ihrem gewählten Thema auseinandersetzen und es ebenso gekonnt präsentieren.

Es ist nun individuell vom Webinar-Thema und auch Ihrer Zielgruppe abhängig, ob Sie mehr Informationen visuell oder durch Audio übertragen wollen. Letztendlich werden sich Ihre Teilnehmer sowieso nur einen Teil der präsentierten Informationen wirklich merken können. Deshalb können Sie mit Add-ons zu Ihrem Webinar Ihren Teilnehmern einen wahren Mehrwert bieten und das übermittelte Wissen noch vergrößern.

Merken Sie sich, dass Sie, auch wenn Sie sich für ein Webinar entschieden haben, ohne schriftliche Präsentation der Informationen, dennoch für eine angenehme Atmosphäre und Bildgestaltung sorgen sollten. Vor allem bei dieser Form, aber auch bei der Unterstützung durch eine Präsentation oder verschiedene Videos, sollte der Fokus Ihrer Teilnehmer zum größten Teil auf Ihrer Stimme liegen.

**Wahrnehmungspsychologie**

Es gibt eine vermeintliche Regel der Wahrnehmungspsychologie des Menschen, die besagt, dass der Mensch beim Zuhören eines Vortrags nur zu ca. 7 % den Inhalt wahrnimmt und zu über 93 % auf die nonverbale Kommunikation und die Wirkung des Sprechenden achtet. Dies ist jedoch nicht richtig und basiert auf einer Fehlinterpretation.

Tatsächlich nehmen Ihre Teilnehmer viel von dem auf, was Sie Ihnen durch Stimme und Bild präsentieren und achten weniger auf Ihre Mimik und Gestik – gerade wenn Sie Ihren Video-Feed recht klein im Bild einblenden, um beispielsweise Platz für die Präsentation, ein Video oder andere Zusatzinhalte zu schaffen.

Der oft angeführte Satz, „Es kommt nicht darauf an, was Sie sagen, sondern wie Sie es sagen“, ist also nicht richtig und Sie sollten davon Abstand nehmen. Stattdessen ist Ihre Authentizität entscheidend dafür, ob Ihre Teilnehmer das, was Sie sagen, auch annehmen und Ihnen aufmerksam lauschen.

**Split-Attention-Effekt**

Ihr erklärtes Ziel sollte sein, den Split-Attention-Effekt zu vermeiden. Durch diesen Effekt wird die Aufmerksamkeit Ihrer Teilnehmer vom Wesentlichen abgelenkt. Dies kann durch die Gestaltung des Hintergrunds passieren, durch einen unsauberen Vortragsstil und durch eine unpassende Gestaltung von Vortragsmaterial.

Das beste Beispiel, um Ihnen den Split-Attention-Effekt zu verdeutlichen, funktioniert mit den Vortragsfolien. Wie Sie weiter hinten in diesem Buch lernen werden, sollten Vortragsfolien immer das unterstreichen, was Sie sagen und niemals davon ablenken. Dies bedeutet, Sie sollten treffende Stichpunkte ausarbeiten oder auch mit Bild- und Videomaterial zusätzliche Informationen vermitteln, die es Ihren Teilnehmern leichter machen, das Gehörte zu verknüpfen und so für ein besseres Erinnerungsvermögen und Verständnis zu sorgen.

Die Vortragsfolien sollten dabei nicht als Ihre persönlichen Notizzettel fungieren und keinesfalls sollten Sie einfach niederschreiben, was Sie sagen, also schlicht nur den Text vorlesen, den Ihre Teilnehmer auch selbst lesen können.

Normalerweise kann das menschliche Auge schneller die Informationen lesend erfassen, als Sie diese von der Folie vorlesen können. Deshalb klinken sich Ihre Zuhörer irgendwann aus und erfassen die von Ihnen vorgelesene Information schneller, indem sie sie selbst von den Folien ablesen.

Hierbei treten Ihre Stimme und die gehörten Informationen in den Hintergrund, da sie als nicht wichtig eingestuft werden. Schon haben Sie die volle Aufmerksamkeit Ihrer Teilnehmer verloren und Ihre gesprochenen Worte kommen nicht mehr voll zur Geltung.

Deshalb ist es besser, die Folien ergänzend so zu gestalten, dass sie Ihr Gesagtes unterstreichen, aber niemals komplett wiedergeben.

# Marketing rund um Ihr Webinar

Ob Sie sich mit dem Thema Marketing intensiv auseinandersetzen müssen, kommt ganz darauf an, für welche Zwecke Sie Ihre Webinare entwerfen. Handelt es sich um ein internes Meeting in Online-Form mit den Mitarbeitern Ihrer Firma oder einer Partnerfirma, müssen Sie Ihre Teilnehmer prinzipiell nur über Zeit und Ort des Webinars informieren.

Wenn Sie allerdings mit Kunden kommunizieren, Produkte und Dienstleistungen zum Verkauf anbieten oder über Ihr Webinar neue Kunden gewinnen möchten, müssen Sie Ihr Webinar natürlich erst einmal bekannt machen. Das beste Webinar hilft nichts, wenn es niemand kennt und bucht.

## WIE BEWERBEN SIE IHR WEBINAR?

Nutzen Sie für Ihr Marketing alles, was das World Wide Web hergibt.

Social Media beispielsweise. Hier vor allem LinkedIn, YouTube, Facebook und Instagram. Diese Kanäle werden von vielen Menschen aller Altersschichten genutzt. Wenn Sie eher die jüngere Generation ansprechend wollen, ist Instagram inzwischen besser geeignet als Facebook, mit dem Sie eher ältere Kunden gewinnen. Auch YouTube bietet eine Fülle an Möglichkeiten. Hier können Sie beispielsweise kleine Ausschnitte Ihres Webinars bewerben, quasi anteasern.

Natürlich darf Ihre eigene Website nicht fehlen. Haben Sie bereits eine Website, beispielsweise die Seite Ihres Unternehmens oder einen Online-Shop, können Sie dort Ihr Webinar groß bewerben und bekannt machen. Auch eingebaut in einen Newsletter, den Sie an Ihren Kundenstamm schicken, kann das Webinar bekannt gemacht werden.

Neben Social Media können Sie altmodischere Werbemaßnahmen ergreifen. Eine gute alte Annonce in der Zeitung oder im Dorfblättchen spricht wieder einen ganz anderen Kreis an potenziellen Kunden an, die Sie nicht erreichen würden, wenn Sie rein über Social Media werben würden.

Auch Radiowerbung, vielleicht sogar ein kleiner Clip fürs örtliche Kino oder Plakate an der Tankstelle? Seien Sie kreativ und nutzen Sie alle Ihnen zur Verfügung stehenden Mittel.

Konzentrieren Sie sich also nicht auf eine Quelle und versuchen Sie über diese täglich hundert oder mehr Klicks zu generieren, sondern stellen Sie sich breiter auf, sodass Sie hundert (und mehr) Quellen haben, die täglich einen Klick liefern. So ist die Wahrscheinlichkeit höher, dass Sie mehr Teilnehmer generieren können, da Ihnen viele Quellen mehr als nur einen Teilnehmer liefern können.

Lernen Sie, den Traffic zu denken. Hierfür müssen Sie sich in die Köpfe Ihrer Kunden und Teilnehmer hineinversetzen. Welcher sozialen Schicht gehören sie an, welche Musik, welche Literatur mögen Sie? Wann sind die meisten Ihrer potenziellen Teilnehmer online und können von Ihnen gepostete Beiträge auch sehen? Wann und wo ergibt es Sinn, für Ihr Webinar zu werben? Möchten Sie ein neues Produkt verkaufen, welches sich zur Lackpflege von Autos eignet, ergibt es zum Beispiel wenig Sinn, in einer Zeitschrift für Anglerbedarf zu werben.

# DIE LANDING-PAGE

Unter einer Landing-Page versteht man die Seite, auf die Ihre potenziellen Teilnehmer weitergeleitet werden, wenn Sie Ihrer Werbung folgen. Dies ist also eine Internetseite, die sich allein mit Ihrem Webinar beschäftigt.

Hier sollten Sie noch einmal alle Vorzüge Ihres Webinars aufzeigen. Für wen eignet sich Ihr Webinar? Wer profitiert davon? Welches Problem lösen Sie für Ihre Kunden? Was sind die Inhalte und was dürfen sich Ihre Teilnehmer davon versprechen? Auch kleinere Teaser-Videos können hier untergebracht werden.

Natürlich sollte es möglich sein, Ihr Webinar über die Landing-Page direkt zu kaufen und im Idealfall auch direkt abzurufen, sofern es sich um ein aufgezeichnetes Webinar handelt.

Machen Sie es Ihren Kunden einfach, eventuelle Add-ons zu finden, also Inhalte, die Ihr Webinar ergänzen und erweitern können. Hierzu zählen Bücher, Folge-Webinare, Podcasts, PDF-Dateien und noch viele andere Möglichkeiten.

Die Landing-Page sollte einfach zu finden sein, übersichtlich strukturiert sein und einem einzigen Zweck dienen: Potenzielle Kunden dazu zu bewegen, Ihr Webinar zu buchen.

## WIE GENERIEREN SIE TEILNEHMER FÜR IHR WEBINAR?

Ein gutes Marketing ist Schritt Nummer eins, um Ihr Webinar bekannt zu machen und es Ihren potenziellen Teilnehmern zu präsentieren. Nun wissen Ihre Kunden immerhin schon, dass es Ihr Webinar gibt. Jetzt müssen sie es nur noch kaufen! Dies gelingt Ihnen am besten, indem Sie Ihre potenziellen Teilnehmer neugierig machen.

Statten Sie Ihr Webinar mit einem zugkräftigen Titel aus, der die Neugierde weckt. Hier dürfen Sie gern etwas provokant sein und eine These aufstellen, die Ihre Kunden interessiert, sodass diese mehr über Ihr Webinar wissen wollen.

Klicken Sie nun auf den Link, der Sie zur Landing-Page führt, können Sie dort – oder auch schon einen Schritt früher – ein kleines Teaser-Video einbauen. Dieses sollte circa 15 bis 30 Sekunden umfassen. Hier hinein packen Sie dann interessante oder provokante Aussagen, die im Webinar vorkommen und das Interesse und die Neugier der Kunden weckt, sodass diese das Webinar schließlich buchen.

Natürlich können solche Teaser-Videos auch auf Social Media gepackt oder im Internet platziert beziehungsweise mit einem E-Mail-Newsletter verschickt werden. Schließen Sie die Teaser-Videos mit

einem Aufhänger, der so oder so ähnlich lauten könnte: *Sie wollen mehr zu diesem Thema? Dann klicken Sie hier und buchen Sie noch heute Ihr exklusives Webinar.*
Wenn Sie ein Webinar anbieten, mit dem Sie Ihre Kunden und Teilnehmer ausbilden, weiterbilden oder Ihnen bei der Lösung eines expliziten Problems helfen, dann schreiben Sie dies unbedingt in den Titel oder in eine kleine Kurzbeschreibung, mit der Sie Ihr Webinar bewerben. So können Sie zum Problemlöser werden und garantieren Ihren Teilnehmern einen Mehrwert, sodass sich der Kauf des Webinars definitiv lohnen wird.

## KUNDENBINDUNG IM WEBINAR

Ein erklärtes Ziel der Erstellung von Webinaren ist es, Ihre Kunden stärker an Sie zu binden, das Vertrauen in Sie und Ihr Produkt oder Ihre Dienstleistung zu stärken und die Kunden dazu zu bewegen, immer wieder bei Ihnen zu kaufen.

Dies erreichen Sie durch kompetente Sympathie.

Zeigen Sie Ihren Kunden, dass Sie auf dem Gebiet, welches Sie als Ihr Fachgebiet ansehen, ein Experte sind und Sie sich mit all Ihren Fragen und Anliegen vertrauensvoll an Sie wenden können.

Auch ein wichtiger Punkt ist es, in der Erinnerung Ihrer Kunden verankert zu bleiben. Hierzu müssen Sie präsent sein und Ihren Kunden immer wieder neue Informationen und / oder Produkte bieten, sodass sie sich oft und ausgiebig mit Ihnen beschäftigen.

# Moderation

Das Herzstück Ihres Webinars ist neben dem Inhalt auch die Darstellung desselben. Sie können die interessantesten Themen haben, jedoch durch eine langweilige Präsentation und eine einschläfernde Moderation viele Kunden verlieren und weniger Umsatz generieren.

Als Moderator und als Dozent ist es wichtig, sich vor der Kamera wohlzufühlen. Wenn dies auf Sie nicht zutrifft, überlegen Sie, ob es nicht sinnvoller wäre, einen externen Fachmann die Moderation übernehmen zu lassen, der damit Erfahrung hat, es vielleicht sogar kommerziell macht.

Natürlich ist auch die Moderation zu zweit eine gute Möglichkeit. Hier könnte einer der Redner als Moderator fungieren, der durch das Webinar leitet und der zweite Redner ist der erklärte Experte zu dem Webinar-Thema und kann seine Expertise einbringen.

Diese Doppelmoderation lockert oft die Stimmung etwas auf und hilft Ihnen, sich vor der Kamera etwas zu entspannen. Gerade, wenn Sie neu in das ganze Webinar-Thema einsteigen, ist dies eine gute Möglichkeit, die Scheu zu verlieren.

# WAS MACHT EINEN GUTEN MODERATOR / REDNER AUS?

**Pünktlichkeit**

Seien Sie überpünktlich!

Es wirkt inkompetent und Sie büßen viel Kundenvertrauen ein, wenn Sie nicht zum kommunizierten Zeitpunkt mit dem Webinar starten. Seien Sie bei einem Live-Event immer schon früher bereit, betreten Sie den Chatraum des Webinars zu früh und als Erster und führen Sie eventuelle Techniktests vor dem offiziellen Beginn des Webinars aus.

Wenn Sie all die Vorbereitungen abgeschlossen haben, steht einem geregelten und vor allem pünktlichen Beginn nichts im Wege. Ihre Teilnehmer werden es Ihnen danken.

**Klare Einleitung**

Starten Sie die Moderation mit einer kurzen Erklärung, um was es in diesem Webinar gehen soll. Fassen Sie kurz die Thematik zusammen, erklären Sie die Überschrift und wecken Sie auch hier die Neugierde Ihrer Teilnehmer, indem Sie kleinere Versprechen aussprechen, auf was Sie im Laufe des Webinars zurückkommen werden. Machen Sie Ihren Zuhörern quasi klar, worin die Bedeutung Ihres Webinars für Ihre

Teilnehmer liegt und wie Sie ihnen damit helfen können.

Ebenfalls Teil der Einleitung ist die Vorstellung der Teilnehmer, also der Moderatoren und eventueller Fachleute, die im Chat, im Video-Feed oder persönlich mit Ihnen vor der Kamera am Webinar teilnehmen.

Machen Sie klar, ob und wann eventuelle Fragen beantwortet werden. Diese können Sie entweder sammeln und zu festgesetzten Zeiten beantworten, beispielsweise vor der Pause und / oder am Ende des Webinars. Dringende Fragen können, wenn Sie dies zulassen, natürlich auch direkt beantwortet werden.

**Interesse wecken**

Wie schon mehrmals angesprochen, müssen Sie gerade zu Anfang des Webinars das Interesse und die Neugierde Ihrer Teilnehmer wecken. Vor allem, wenn Sie ein kostenloses Webinar anbieten, kann es Ihnen passieren, dass vor dem Ende des Vortrags Teilnehmer abspringen. Doch die Leute, die Ihnen nicht bis zur abschließenden Produktpräsentation oder zum am Ende des Webinars stehenden Call-to-Action folgen, können logischerweise auch nichts kaufen und generieren für Sie keinen Umsatz.

Gerade in diesem Fall ist das Interesse essenzielle Voraussetzung. Um Ihre Teilnehmer zum Dranbleiben zu überreden, können Sie am Anfang einen kleinen Film oder ein Bild zeigen, Sie präsentieren ein kleines, besonderes Gadget oder Sie sprechen über ein Problem, das Sie am Ende dieses Webinars für Ihren Zuschauer gelöst haben werden.

Am besten funktioniert hier ein Problem oder die Lösung eines Problems, über das Ihre Teilnehmer entweder schon sehr lange nachdenken und Ihr Webinar genau aus diesem Grund gebucht haben – weil Sie ihr Problemlöser sein sollen – oder Sie ernennen ein Problem, von dem Ihre Zuschauer bisher nicht wussten, dass Sie es haben, sodass sie nun unbedingt erfahren möchten, wie Sie dieses Problem zu lösen gedenken.

**Ziele darstellen**

Handelt es sich bei Ihrem Webinar um eine Lehrveranstaltung, zeigen Sie Ihren Teilnehmern die verschiedenen Lernziele auf, die im Laufe des Webinars – oder im Laufe einer Webinar-Reihe – erreicht werden können.

Halten Sie jedoch ein Webinar, um eines Ihrer Produkte vorzustellen, kommunizieren Sie dies auch klar an Ihre Teilnehmer. Auf keinen Fall dürfen Sie Erwartungen schüren, die Sie nicht einhalten können. Dies weckt nur Frust und Unzufriedenheit bei Ihren Teilnehmern und Kunden.

**Aufgaben stellen**

Manche Teilnehmer wissen es zu schätzen, wenn Sie sie in das Webinar einbinden und aktiv mitarbeiten lassen. Hier kommt es natürlich, wie immer, auf die Art des Webinars an. Mitmach-Aufgaben können vielfältig sein und beispielsweise die Lösung einer Rechenaufgabe beinhalten, wenn Sie ein Webinar über Mathematik abhalten.

Dies animiert Ihre Teilnehmer ebenfalls zum Dabeibleiben und kann für Gesprächsstoff und Fragen sorgen, was die Interaktionsrate Ihres Webinars in die Höhe treibt.

Hier müssen Sie für sich und das Thema Ihres Webinars entscheiden, wie Sie die Aufgaben stellen wollen und ob Sie einzelne Teilnehmer auf ihren Lösungsweg oder ihre Lösung ansprechen wollen. Dies kann dazu führen, dass die anderen Teilnehmer ebenfalls aktiver am Geschehen teilnehmen. Natürlich kann dies auch in die andere Richtung umschwenken und Ihre Teilnehmer verlassen vielleicht lieber das Webinar, bevor sie quasi Gefahr laufen, auch aufgerufen zu werden.

Wie auch schon bei anderen Fragestellungen, wie beispielsweise der Wahl des Formats und der Anrede, kommt es bei der Wahl, ob Sie Fragen und Aufgaben stellen wollen oder nicht, individuell auf das Thema Ihres Webinars und vor allem auf Ihre Zielgruppe an.

**Seien Sie natürlich**

Bleiben Sie menschlich, authentisch, sympathisch und nah an Ihren Zuhörern. Suchen Sie das Gespräch, bleiben Sie freundlich und lachen Sie.

Gerade das ständige Lächeln ist sehr wichtig, da das zweidimensionale Bild Sie ernster macht, als Sie in Wahrheit in die Kamera blicken. Deshalb lächeln Sie und lachen Sie zwischendurch, um die Stimmung freundlich und offen zu halten.

Eine lockere Stimmung sorgt dafür, dass Ihre Teilnehmer sich wohlfühlen. Auch ernstere Inhalte können bis zu einem gewissen Grad mit lockerer Stimmung präsentiert werden. Achten Sie hierbei darauf, nicht zu salopp zu wirken. Finden Sie die richtige Mischung aus Ernst und Entspannung, sodass Ihre Teilnehmer Ihnen auch in längeren Redepassagen gern zuhören.

Bedenken Sie außerdem, dass Ihre Teilnehmer durch feinste Signale in Ihrer Körpersprache und Ihrer Stimmlage erkennen können, wie Sie zu dem Thema stehen, das Sie vortragen. Ob Sie emotional dahinterstehen oder ob eine Produktempfehlung wirklich von Herzen kommt und Sie vollends davon überzeugt sind, was Sie präsentieren. Hiervon hängt es letztendlich ebenso ab, wie von einem guten Webinar-Aufbau selbst, ob Ihre Teilnehmer sich auf Sie und die Präsentation einlassen. Ob sozusagen der Funke überspringt und Sie Ihre potenziellen Kunden überzeugen können, Ihr Produkt zu kaufen, Ihre Tipps anzunehmen oder Ihre Folge-Webinare zu buchen.

**Fragen**

Großer Bestandteil der Lebendigkeit eines Live-Webinars sind die von den Teilnehmern gestellten Fragen. Oftmals jedoch ist der Chat gerade zu Beginn einer Webinar-Veranstaltung sehr zurückhaltend. Niemand will der Erste sein, der eine vermeintlich dumme Frage stellt.

Um diese Schüchternheit zu umgehen, können Sie ein oder zwei Fragen vorbereiten und entweder von einem Mitarbeiter oder Kollegen in den Chat schreiben lassen oder diese Fragen verlesen, mit der Erklärung, dass schon vorab einige Fragen bei Ihnen eingegangen sind, die Sie nun zuerst beantworten wollen.

Dies löst oftmals die Verhaltenheit Ihrer Teilnehmer und diese beginnen, ebenfalls Fragen zu stellen, die Sie dann gezielt beantworten können.

Somit schaffen Sie Interaktion, sowohl zwischen Ihren Teilnehmern als auch zwischen Teilnehmer und Moderator. Dieses stärkt ebenfalls die Kundenbindung und das positive Verhältnis zu Ihren Kunden.

**Der Blick**

Sehen Sie Ihre Teilnehmer direkt an. Dazu müssen Sie genau wissen, wo sich die Kamera an Ihrem Gerät befindet. Gerade beim Tablet oder auch am Computer laufen Sie Gefahr, durch den Blick auf den Bildschirm sozusagen an Ihren Teilnehmern vorbeizusehen. Achten Sie also darauf, direkt in die Kameralinse zu blicken.

Weder die Perspektive von recht weit oben, sodass Ihnen Ihre Teilnehmer auf den Kopf gucken, noch die Perspektive von schräg unten, sodass der Blick in Ihre Nasenlöcher frei liegt, ist besonders attraktiv. Frontal in die Kamera zu blicken ist zudem persönlicher und Ihre Teilnehmer fühlen sich mit eingebunden.

Gerade beim Sitzen ist die Gefahr einer verschobenen Perspektive gegeben, beispielsweise wenn Sie sich vorlehnen oder das Tablet vor Ihnen auf dem Tisch liegt.

Wenn Sie mit Laptop oder Tablet aufnehmen, positionieren Sie diese so, dass Sie auf Augenhöhe zu ihnen sind. Dies können Sie beispielsweise durch das Erhöhen des Geräts mit einem Bücherstapel oder anderen technischen Hilfsmitteln, wie Stativen, erreichen. Natürlich gilt auch für jede andere Kamera die Regel, dass Sie diese auf Augenhöhe platzieren sollten.

**Stimme und Sprache**

Trinken Sie genug.

Beginnen Sie damit allerdings nicht erst kurz vor dem Webinar, sodass Sie es möglicherweise für eine Toiletten-Pause unterbrechen müssten, sondern schon am Morgen des Webinar-Tages. Wasser und Tee ölen die Stimme und sorgen für eine geschmeidigere Sprache, die besser verständlich ist, als wenn Ihr Mund extrem trocken ist und Sie sich schwertun, verständliche Silben zu bilden.

Vermeiden Sie an solchen Tagen, wenn möglich, das Atmen trockener Luft, die vor allem im Winter in geheizten Räumen entsteht, und das exzessive Trinken von Kaffee. Beides greift die Stimmbänder an und schadet Ihrer Stimmqualität.

Achten Sie darauf, klar und deutlich zu artikulieren und nicht zu schnell zu sprechen. Beim schnellen Reden verhaspeln Sie sich leichter, verschlucken vielleicht Silben und sind für Ihre Teilnehmer schlechter zu verstehen. Darunter leidet die Aufmerksamkeit und Konzentration Ihrer Zuhörer enorm.

Auch die Satzlänge ist entscheidend. Wählen Sie kürzere, einfachere Sätze, denen auch in Sprachform leicht zu folgen ist. Lange, verschachtelte Sätze können Ihre Teilnehmer nicht im Nachhinein noch einmal lesen, sondern diese müssen Sie auf Anhieb beim ersten Versuch richtig und klar verstehen können.

**Fehler passieren**

Seien Sie nicht zu perfektionistisch. Fehler können passieren und kleinere Missgeschicke sind auch nicht weiter schlimm. Wenn Sie etwas fallen lassen oder sich den einen oder anderen kleineren Fehler erlauben, kann dies auch für Ihre Teilnehmer etwas Unterhaltungswert bieten und muss nicht unbedingt im Nachgang herausgeschnitten werden.

Gerade bei einem Live-Webinar ist dies sowieso nicht möglich und Sie sollten, ohne viel Aufsehen zu machen, über den Fehler hinweggehen. Entschuldigen Sie sich gern bei Ihren Teilnehmern, wenn ein Fehler den Fluss des Webinars stört. Dies macht sie sympathischer und Ihre Zuschauer verzeihen Ihnen gern den ein oder anderen Fehler.

Größere Fehler, wie der Ausfall von Bild und Ton oder anderweitiger, wichtiger Technik, sind natürlich ärgerlich und gerade, wenn es sich um ein aufgezeichnetes Webinar handelt, ist eine Neuaufzeichnung der gesamten Szene ratsam und oftmals auch nur mit geringem Aufwand verbunden.

Schwieriger sind solche Fehler zu überspielen, wenn es sich um ein Live-Webinar handelt. Im schlechtesten Fall müssen Sie hier das Webinar kurz unterbrechen und dafür sorgen, dass Ton und Bild wieder reibungslos funktionieren. Legen Sie hier im Vorfeld viel Wert auf einen ordentlichen Test der eingesetzten Technik. Dieses kann solche Fehler überflüssig werden lassen.

Denken Sie dran: Fehler machen sympathisch. Schließlich sind Sie auch nur ein Mensch, ebenso wie Ihre Teilnehmer.

## DIE RICHTIGE KLEIDUNG

Der Moderator eines Webinars wird von einer Kamera gefilmt und diese stellt gewisse Anforderungen an die getragene Kleidung. Doch nicht nur die Kamera kommt mit manchen Farben und Mustern nicht klar, auch auf den Teilnehmer wirkt Ihre Kleidung erheblich.

Passend sind auf jeden Fall gedeckte Farben. Gerade bei Moderatorinnen sind knallige Farben, wie ein leuchtendes Rot oder Gelb, eher störend und wirken ablenkend. Ebenso wie gemusterte Krawatten und Hemden bei männlichen Moderatoren. Dies lenkt nicht nur den Blick der Teilnehmer vom Wesentlichen ab, auch die Kamera kann manche Muster, vor allem Streifen und Karo, nicht verarbeiten. Bei eng gemusterten Hemden gerät das Bild in diesem Fall in eine Art Flimmern, was den Teilnehmer stark ablenkt und auf Dauer auch anstrengend anzusehen ist.

Auch weiße Kleidung ist nicht ratsam, vor allem gepaart mit dunklerer Kleidung, wie dunkelblau oder schwarz. Hier ist der Kontrast der Farben für die Kamera zu hoch und sie regelt, je nach Fokuspunkt, ständig die Helligkeit herauf, wenn sie die dunkleren Farben fokussiert, oder herunter, wenn Weiß im Fokus steht. Dies kann zu stärkeren Rucklern des Bildes führen.

Achten Sie also darauf, gedeckte Farben, wie Beige oder Braun, Dunkelblau und Hellblau oder ein dunkleres Grau zu wählen, und wenig kontrastreiche Farben zu kombinieren.

# DIE PRÄSENTATION DES WEBINARS

In diesem Kapitel werden Sie erfahren, wie Sie Ihr Webinar richtig präsentieren. Worauf kommt es an und was gilt es zu beachten?

**Drehbuch**

Wichtig ist es, dass Sie einen Plan davon haben, wie Ihr Webinar ablaufen soll. Quasi ein Drehbuch, das Sie sich im Vorfeld skizzieren und grob aufschreiben. Dies hat den Vorteil, dass nicht nur Sie, sondern auch eventuelle Mit-Moderatoren genau wissen, wann welcher Punkt drankommt und wann Zeit für Fragen eingeräumt wird.

Oftmals haben Sie ein derartiges Drehbuch schon bei der Vorbereitung Ihres Webinars erstellt – oder wenn Sie einen externen Moderator gebucht haben, stellen Sie ihm dieses zur Verfügung.

Seien Sie jedoch nicht zu steif in Ihrer Gestaltung. Dies wirkt hölzern und kann den Fluss des Webinars langweilig und monoton wirken lassen. Es ist möglich und auch gewollt, mit den Zuschauern zu interagieren. Beantworten Sie spontane Fragen oder geben Sie zumindest den Hinweis, dass diese später gesammelt beantwortet werden. Spontaneität lässt Ihr Webinar flüssig wirken.

Um nach einer spontanen Abschweifung wieder in Ihr Drehbuch zurückzufinden, sind stichpunktartige

Notizen hilfreich, die Sie sich irgendwo außerhalb der Szene als Spickzettel deponieren können.

**Bildmotive**

PowerPoint- oder andere Präsentationen sind ein sehr gutes Hilfsmittel, den Teilnehmern das Gehörte nochmal visuell zu präsentieren. Achten Sie hier darauf, nicht zu viel Text auf eine Folie zu packen. Dies verführt den Teilnehmer erstens dazu, dass er den Test liest, statt Ihnen weiter bei Ihren Ausführungen zuzuhören, und wirkt zudem recht lieblos dahingeworfen.

Nutzen Sie stattdessen prägnante Stichworte oder veranschaulichen Sie komplizierte Zusammenhänge in einer einfachen Grafik. Auch die Verwendung von Symbolen oder Bildmotiven, die mit dem Thema symbolisch zusammenhängen, ist möglich. Das befriedigt den visuellen Reiz Ihrer Teilnehmer, lenkt aber nicht von Ihren gesprochenen Informationen ab.

Seien Sie vorsichtig mit Tieren und Kindern. Einerseits achten Sie auf das Copyright, ob Sie befugt sind, die Bilder zu veröffentlichen. Andererseits sind solche Motive stark dazu geeignet, die Teilnehmer vom Wesentlichen abzulenken.

Eine Faustregel hierbei ist: Nutzen Sie nur Motive, die innerhalb von ca. drei Sekunden vom Teilnehmer erfasst und verstanden werden können, um die

Ablenkung so gering wie möglich zu halten und Ihre Sprache damit sinnvoll zu ergänzen.
Andererseits können Sie Bilder und Grafiken auch als Teaser und zum Neugierig-Machen nutzen. Hier setzen Sie bewusst auf eine ablenkende Wirkung, sodass sich Ihre Teilnehmer mit dem Motiv beschäftigen und Fragen dazu entwickeln. Diese sollten Sie im Laufe des Webinars dann natürlich erklären können.

**Formatwechsel**
Auch der Wechsel verschiedener Formate und Blickwinkel bringt Lebendigkeit in Ihre Webinar-Szene. Achten Sie jedoch stets darauf, dass Sie die Technik nicht bis zum Letztmöglichen ausreizen. Dies führt zu Performancemängeln und zu ruckelnder Bild- und Tonqualität.

Binden Sie kleinere Videoclips ein, wenn dies zu Ihrem Thema passt, oder wechseln Sie von der Totalen, die Sie und die Präsentation zeigt, auf eine Nahaufnahme der Präsentation, wenn dies sinnvoll ist. Denken Sie dabei immer daran: Was wollen Sie in dem einzelnen Moment der Präsentation Ihrem Teilnehmer vermitteln?

Ein Überangebot an Abwechslung sollten Sie jedoch vermeiden. Dies lässt das gesamte Webinar unrund wirken und es kann leicht chaotisch werden, zudem sind dann Performanceprobleme wahrscheinlicher.

**Interaktion**
Interagieren Sie möglichst viel und aktiv mit Ihren Teilnehmern. Hierzu können Sie die Fragen nutzen, Aufgaben verteilen oder auf Anmerkungen und Kritik eingehen. Alles zu seiner Zeit natürlich.

Kritik und Anmerkungen bearbeitet man meist nach einem Webinar, sodass für das Folge-Webinar oder auch für den Zusammenschnitt einer späteren, online abrufbaren Fassung die Kritikpunkte möglichst bereits behoben werden können.

Natürlich können Sie aber auch direkt im Webinar auf Kritik oder Anregungen eingehen, diese erklären oder entkräften und so aus einem bisher unzufriedenen Teilnehmer noch einen zufriedenen Neukunden kreieren.

Die meisten Menschen lieben Rätsel. Durch das Stellen eines einfachen oder auch eines komplexeren Rätsels können Sie Ihre Teilnehmer auch gut zur Interaktion und zum Mitarbeiten anregen.

In Webinar-Pausen könnten Sie Ihren Teilnehmern auch kleinere Aufgaben stellen, die dann entweder der Reihe nach abgefragt oder von einzelnen Teilnehmern präsentiert werden können. Auch die Auflösung der Aufgabe durch Sie selbst ist möglich. Ob und inwieweit Sie Ihre Teilnehmer einbinden können, ist ganz abhängig von der Art und Teilnehmeranzahl Ihres

Webinars und davon, wie Sie Ihr Webinar gestalten wollen.

**Gliedern des Webinars**

Bei sehr langen Webinaren bietet es sich an, kurze Pausen einzulegen oder das Webinar auf mehrere Tage aufzuteilen. Denken Sie hier immer daran, dass Ihre Teilnehmer genügend Pausen benötigen für Toilettengänge und Verpflegung. Dies kommt Ihnen selbst ebenfalls zugute, sodass Sie beispielsweise etwas Wasser trinken und Ihre Stimme schonen können.

**Call-to-Action**

Wie bereits weiter oben beschrieben, steht am Ende Ihres Webinars Ihr "Call-to-Action". Dies ist letztendlich das, was Ihre Teilnehmer nach dem Webinar tun sollen. Möchten Sie, dass Ihre Teilnehmer Ihnen E-Mails schicken, Sie anrufen, ein Folge-Webinar buchen oder ein Produkt kaufen? Auch der Hinweis auf eine kommende Veranstaltung oder ein weiteres Live-Webinar ist hier geschickt anzubringen.

Hat sich Ihr Webinar mit Sinnfindung oder der Lösung eines Problems beschäftigt, können Sie im Call-to-Action Ihren Teilnehmern noch einen letzten Tipp mit auf den Weg geben oder Ihnen ans Herz legen, eine bestimmte Verhaltensweise zu ändern oder abzulegen.

## PRÄSENTATIONSERFAHRUNG SAMMELN

Haben Sie schon einmal einen Vortrag gehalten? Vielleicht sogar schon den einen oder anderen Webinar-Vortrag? Wenn ja, erinnern Sie sich noch an die Nervosität vor dem ersten Mal? Dies ist natürlich.

Prinzipiell wird das Lampenfieber nur mit Routine und Übung langsam verschwinden, wenn Sie immer sicherer vor der Kamera werden und die Rolle des Dozierenden gern annehmen. Es gibt einige Tipps, mit denen Sie sich mental und emotional auf Ihren Vortrag einstimmen können.

Kleiden Sie sich Ihrer Rolle entsprechend. Dies kann ein Accessoire sein, welches Sie mit Ihrer Arbeit verbinden und das Sie daran erinnert, dass Sie der Experte für dieses Gebiet sind. Selbst wenn Ihre Teilnehmer dieses Accessoire nicht sehen können, vermittelt es Ihnen Sicherheit.

Gehen Sie nicht in einen Online-Live-Vortrag, wenn Sie emotional nicht in Stimmung sind. Wenn Sie mit Ablenkung irgendeiner Art kämpfen oder Sorgen in Ihrem Kopf um die Aufmerksamkeit buhlen, werden Sie niemals so konzentriert und auf den Punkt mit Ihrem Thema beschäftigt sein können, wie Sie es in einem Live-Webinar sein müssen. Im schlechtesten Fall führt diese emotionale Belastung zu einem Blackout und Ihnen fällt nicht mehr ein, was Sie sagen wollten.

Stattdessen sollten Sie mit all Ihren Sinnen und aller Konzentration auf das Vortragsthema konzentriert sein. Bei Live-Events haben Sie nur eine Chance, es muss beim ersten Take sitzen.

Sprechen Sie vorher mit Freunden oder Kollegen von Angesicht zu Angesicht über Ihr Thema. Stimmen Sie sich in Ihre Rolle als Referent ein und spüren Sie dem Gefühl hinterher. Merken Sie, wenn Sie in der Rolle aufgehen? Dann nehmen Sie dieses Gefühl von Kompetenz und Authentizität mit in das Live-Webinar und präsentieren Sie sich Ihren Teilnehmern als fähiger Experte zu dem ausgesuchten Thema.

Vorher können Sie auch, um sich auf Ihr Thema einzustimmen, noch etwas zu diesem lesen, sich selbst etwas Neues beibringen und dabei vielleicht auch Ihre Lieblingsmusik hören, um sich etwas zu entspannen.

Nehmen Sie sich genügend Zeit für die Vorbereitung zum Webinar. Nichts versetzt Sie mehr in Stress, als wenn die Zeit knapp wird und Sie sich abhetzen, schon bevor der Vortrag tatsächlich losgeht. Dies führt dazu, dass Sie unkonzentriert in den Vortrag starten, abgelenkt sind und nicht das volle Potenzial Ihrer Wirkung entfalten können.

Stärken Sie Ihr Selbstvertrauen, bevor Sie in den Vortrag starten. Dies lässt Sie gleich viel kompetenter und souveräner auf Ihre Teilnehmer wirken.

Und nicht zuletzt hilft eine ganz klassische Vorbereitung: Üben. Üben Sie Ihren Vortrag im Vorfeld mehrmals. Natürlich sind auch Notizen im Zweifel sehr hilfreich, falls Sie doch einmal den Faden verlieren. Dies kann sehr schnell passieren und im Live-Webinar haben Sie nicht die Chance, die Aufnahmen zusammenzuschneiden. Wenn Sie ein Webinar produzieren, das zum Abruf bereitstehen soll, ist es nicht ganz so tragisch, wenn Sie einmal den Anschluss verpassen.

# GADGETS, FILM UND POWERPOINT – SO WÜRZEN SIE IHR WEBINAR

Seien Sie interessant für Ihre Teilnehmer. Ein statisch dasitzender, oder stehender Moderator erzeugt schnell Langeweile. Hier können Gadgets und andere Methoden der Auflockerung helfen, Ihre Teilnehmer fokussiert und interessiert zu halten.

**Gadgets**

Zeigen Sie – ruhig auch schon ganz zu Beginn des Webinars – ein Gadget. Doch was versteht man eigentlich unter diesem Begriff? "Gadget" kommt aus der englischen Sprache und bedeutet grob übersetzt etwa: technische Spielerei, Schnickschnack. Gemeint ist ein kleiner, raffinierter, technischer Gegenstand, der auch für Spielereien geeignet sein kann.

Dabei muss das von Ihnen genutzte Gadget nicht unbedingt etwas Elektronisches sein. Auch ein mechanischer kleiner Gegenstand, den Sie raffiniert einsetzen, um ein Problem zu lösen oder einen "Life-Hack" auszuführen, kann Ihr Webinar aufpeppen. Denken Sie dabei gerade an kleinere Gerätschaften, die Sie oftmals für etwas Bestimmtes benutzen. Halten Sie beispielsweise ein Webinar übers Kochen, können Sie kleinere Tipps und Tricks mit Gadgets verbinden und diese Ihren Teilnehmern näherbringen. Dabei kann sogar eine einfache Eieruhr ein raffiniertes Gadget sein, wenn Sie diese auf eine besondere Art und Weise verwenden.

**Bilder und Filme**

Auch der Start über Bild und / oder Filmmaterial ist beliebt. Wählen Sie etwas, das natürlich mit Ihrem Thema zu tun hat, aber das auch interessant und leicht anzusehen ist, sodass es im Gedächtnis der Teilnehmer hängenbleibt und Ihr Webinar spannend und interessant beginnt.

**Vortragsfolien**

Ihre Vortragsfolien, die Sie beispielsweise mit PowerPoint oder einem anderen Programm erstellen, sollen Ihren Teilnehmern einen Mehrwert bieten und es ihnen erleichtern, die Inhalte des Webinars zu begreifen und sich zu merken.

Wenig sinnvoll ist es daher, die Folien einfach mit Stichpunkten zu füllen, um eine Art Notizzettel zu haben, der Sie durch den Vortrag führt. Ein Notizzettel an sich ist sehr sinnig und kann Ihnen helfen, den roten Faden nicht zu verlieren, nutzen Sie hier jedoch nicht Ihre Vortragsfolien. Stattdessen sollten Ihre Folien als visuelle Unterstützung zu Ihrer Sprache fungieren und das Interesse Ihres Teilnehmers an Ihrem Vortrag hochhalten. Gut strukturierte und gestaltete Vortragsfolien fungieren als visueller Anker und machen es Ihrem Zuhörer leicht zu verstehen, was Sie gerade zu erklären versuchen.

Ihre Foliengestaltung sollten Sie an Ihre Zielgruppe anpassen, auf das Thema des Webinars abstimmen und auch auf Ihre eigene Persönlichkeit zuschneiden. Sie dürfen durchaus pointiert und ungewöhnlich sein, wenn sie ihren Zweck erfüllen – nämlich Ihre Zuschauer bei der Stange zu halten.

**Screencasts**

Unter dem Begriff „Screencasts" versteht sich das Abfilmen oder Darstellen Ihres Bildschirms, sodass die Teilnehmer genau sehen, was Sie gerade durchführen. Dies eignet sich vor allem, um Schritt-für-Schritt-Anleitungen zu erstellen und den Webinar-Teilnehmern die Möglichkeit zu geben, Ihnen dabei bei jedem noch so kleinen Schritt zuschauen und folgen zu können. Hierzu können Sie die Mausspur auf Ihrem Computer anzeigen lassen, damit es Ihren Teilnehmern leichter fällt, der Bewegung Ihrer Maus zu folgen. Dies können Sie im Einstellungsmenü des Betriebssystems durchführen.

Auch die Bildschirmlupe kann Ihnen, gerade wenn Sie kleinere Inhalte darstellen wollen, gute Dienste leisten. Diese können Sie vorinstalliert im Windows-Betriebssystem finden, indem Sie die Tastenkürzel

„**Win +**“ verwenden zum Hereinzoomen und „**Win -**“ zum Herauszoomen.

# Die letzten Vorbereitungen

Bevor das Live-Webinar losgeht, sollten Sie letzte Vorbereitungen treffen, um ganz entspannt starten zu können. Gerade, wenn Sie das Webinar von Zuhause halten, ist dies sehr wichtig, um eventuelle Technik-Mängel aufzudecken.

Bei der Aufnahme im professionellen Studio sind Sie natürlich, wenn Sie die Funktion des Referenten einnehmen, ebenfalls früher da, doch hier werden Sie durch die letzten Vorbereitungen geleitet und müssen diese nicht selbstständig durchführen.

Allein zu Hause sollten Sie vor allem folgende Punkte vorbereiten, um die häufigsten Probleme bei einem Live-Webinar zu vermeiden. Zwei dieser Probleme sind einerseits die Störung durch Familienmitglieder, Telefone, Haustiere oder dergleichen und andererseits die Probleme mit der Internetleitung.

Starten Sie mehrere Stunden vor dem Start Ihres Webinars mit den Vorbereitungen. Legen Sie sich Ihre benötigte Technik zurecht. Wenn Sie nun erkennen, dass etwas fehlt, haben Sie noch mehrere Stunden Zeit, Ersatz zu besorgen. Führen Sie letzte Technik-Tests durch, ob mit Ihrem gewählten Webinar-Programm auch alles reibungslos funktioniert.

Sorgen Sie dafür, dass Ihr Computer zur kritischen Zeit des Live-Webinars keine Updates installieren will und sich womöglich von selbst herunterfährt. Hierzu können Sie bei Windows in den Systemeinstellungen Ihre Vorlieben angeben.

In der letzten Stunde bevor es losgeht, machen Sie sich selbst bereit und Ihren Vortragsraum. Sorgen Sie dafür, dass Sie ungestört sind. Im Zweifel durch ein Schild an der Tür Ihres Büros oder Ihres ausgewählten Zimmers, in dem Sie das Webinar durchführen möchten. Stellen Sie Telefone auf stumm und verbannen Sie Haustiere für die Zeit des Webinars aus dem Raum. Auch Familienangehörige oder Kollegen

sollten natürlich wissen, zu welcher Zeit Sie Ihr Webinar abhalten, um auf die Nutzung hoher Datenmengen zu verzichten. Dies würde die Breitbandverbindung, die Ihnen zur Verfügung steht, möglicherweise so stark belasten, dass es im Webinar zu Performanceproblemen führt.
Sehen Sie ein letztes Mal Ihre Notizen durch und öffnen Sie bereits Ihre Präsentation. Loggen Sie sich in den Virtual-Classroom ein und sorgen Sie dafür, dass genügend Getränke bereitstehen, mit denen Sie Ihre Stimme ölen können.

Und dann atmen Sie ein letztes Mal tief durch und beginnen Sie Ihr Live-Webinar.

# Vortragsmedien gestalten

In diesem Abschnitt lernen Sie, wie Sie Ihre Vortragsfolien per PowerPoint gestalten, worauf es dabei ankommt und welche anderen Möglichkeiten Sie haben, Ihren Teilnehmern die über Ihre Stimme transportierten Informationen bildlich darzustellen.

# ERSTELLUNG IHRER VORTRAGSFOLIEN

In diesem Kapitel wird noch einmal detailliert darauf eingegangen, wie Sie Ihre Vortragsfolien und andere Medien gestalten können, um den Split-Attention-Effekt zu vermeiden und die volle Aufmerksamkeit Ihrer Teilnehmer zu erhalten.

**Software**

Wenn Sie eine Präsentation nutzen möchten, bietet sich die Verwendung von Microsoft PowerPoint an. Diese Software ist zumeist mit allen Plattformen und Computern kompatibel und wird landläufig verwendet.

PowerPoint besitzt zwei Dateiformate, die Sie an der Endung unterscheiden können. Die Endung *.ppt* wird von PowerPoint-Versionen verwendet bis zur Version 2007. Diese und neuere Versionen nutzen die *.pptx*, ein XML-basiertes Format, welches weniger störanfällig ist und geringere Kompatibilitäts-Probleme aufweist. Auch ist es stärker gegen eventuelle Schadsoftware geschützt.

Bedenken Sie, dass Ihre Folien mit einheitlichem Design eine Zusammengehörigkeit zeigen sollten. Hierzu können Sie vorinstallierte Designs und Folien-Master verwenden. Auch bei der Schriftart sollten Sie daran denken, dass diese nur richtig angezeigt werden kann, wenn auf dem Rechner, der Ihre Präsentation später abspielt, die verwendeten Schriften ebenfalls installiert sind. Hier können Sie also entweder Schriften wählen, die standardmäßig in PowerPoint vorhanden sind, oder Sie liefern die Schriftdateien gemeinsam mit der Vortragsdatei.

Auch Videos, die Sie in PowerPoint abspielen wollen, sollten Sie extra mitliefern, statt sie in die Präsentation einzubinden. Dies ist oftmals mit schlechterer Qualität verbunden.

Das Format Ihrer Folien hängt grundlegend von der Art des Webinars ab. Zur Wahl haben Sie die Formate 16:9 und 4:3. Das Format 4:3 eignet sich besonders gut, wenn Sie neben einer Leinwand / einem Bildschirm stehen, auf dem Ihre Präsentation abläuft. Hier sieht der Zuschauer auf seinem Laptop zu Hause oder auch auf dem Tablet und Smartphone insgesamt mehr von den Vortragsfolien, die ihm auch größer angezeigt werden. Wenn Sie dieses Format allerdings im Vollbild-Modus einblenden, führt es links und rechts auf dem Bildschirm des Endgeräts zu schwarzen Streifen, da heutzutage nahezu alle Bildschirme im Format 16:9 laufen.

Das 16:9-Format eignet sich also besonders für Vollbild-Darstellungen, ohne Einblendung des Referenten. Auch für die Bild-in-Bild-Darstellung, also wenn ein kleiner Kamera-Feed, ähnlich einer Live-Cam im Stream, über Ihrer Präsentation angezeigt werden soll, ist dieses Format zu wählen. Somit können Sie beispielsweise Tabellen oder Grafiken in Großaufnahmen anzeigen und eine Nahaufnahme des Moderators einpflegen, sodass dieser noch von den Teilnehmern wahrgenommen wird und seine Erklärungen besser verstanden werden.

**Folienzahl**

Wie viele Folien der Vortrag in Ihrem Webinar haben soll, kommt ganz darauf an: Wie so vieles sollten Sie das individuell entscheiden, an Ihr Thema anpassen und Vorlieben und Abneigungen Ihrer Zielgruppe in die Überlegungen einfließen lassen. Auch hier gilt das Prinzip, dass Sie Ihre Teilnehmer nicht mit zu vielen Informationen überfordern sollten. Ein zu langsamer Wechsel der Folien allerdings kann schnell zu Ablenkung führen. Dies ist darauf zurückzuführen, dass Ihre Teilnehmer visuell bereits alles erfasst haben, was das momentane Bild hergibt. Jetzt sollten Sie einen Folienwechsel durchführen oder einen Perspektivenwechsel, um wieder etwas Bewegung in die Szene zu bringen. Diese Dynamik sorgt dafür, dass die Aufmerksamkeit Ihrer Teilnehmer hoch bleibt.

Ganz grob können Sie sich dabei an der 30-Sekunden-Regel orientieren. Diese besagt, dass nach einer dreißig-sekündigen Szenebetrachtung die

Aufmerksamkeit zu sinken beginnt. Ihre Teilnehmer werden also beispielsweise mit dem Blick abschweifen. Hier können Sie nun eine Dynamik erzeugen, die die Aufmerksamkeit bei sich behält, da sich in Ihrem Webinar-Bild immer etwas verändert, sodass Ihre Zuschauer gern aufmerksam bei Ihnen bleiben.

Diese Dynamik können Sie durch den Wechsel von Folien erzeugen oder auch schon durch eine neue Einblendung auf der aktuellen Folie. Nun ist es nicht nötig, Ihren Folienwechsel sekundengenau auf 30 Sekunden zu takten. Selbstverständlich dürfen Sie ein Themengebiet, wenn dieses eine längere Erklärung erfordert, auch mit einer Folie allein beschreiben. Dann sollten Sie eine andere Art finden, wie Sie Dynamik in das Bild bringen können. Dies kann durch einen Perspektivenwechsel erzeugt werden. Blenden Sie beispielsweise einmal auf eine Nahaufnahme des Vortragenden um oder wechseln Sie die Perspektive.

Letzteres ist nur möglich, wenn Sie ein Technik-Set-up haben, in das mehrere Kameras integriert sind. Nehmen Sie Ihr Webinar nur mit der Webcam Ihres Laptops auf, fehlen Ihnen diese Stilmittel der Dynamik-Erzeugung. Hier ist es möglich, durch mehr Folien einen schnelleren Bildwechsel zu erzeugen und somit die 30-Sekunden-Regel ansatzweise noch zu befolgen.

Es ist auch der Schnelllebigkeit der heutigen Gesellschaft zu verdanken, dass sich die

Aufmerksamkeit Ihrer Webinar-Teilnehmer weiterhin verkürzt. Heutzutage gibt es in Filmen schnellere, actionreichere Szenenwechsel und auch Social Media ist perfekt auf diese Schnelllebigkeit ausgelegt. Oftmals entscheiden die ersten sieben Sekunden, ob Menschen ein Video auf Social Media interessant genug finden, um es fertig zu schauen, oder ob sie weiterscrollen.

Diese Schnelllebigkeit stellt Sie oftmals vor ein Problem, dem Sie mit dem Dynamisieren Ihres Vortrags zumindest etwas entgegenwirken können.

Als Faustregel gilt: *Jede wichtige Botschaft bekommt eine eigene Folie.* So können Sie Ihre Folienanzahl etwas begrenzen oder auch in die Länge strecken. Besser ist es tatsächlich, wenn Sie für jede Information eine extra Folie machen. Diese Folien wirken dann vielleicht im ersten Augenblick etwas leer, doch überfüllte Folien, die voller Text und Informationen stehen, lenken den Teilnehmer viel zu stark von Ihrer Stimme ab und führen zum Split-Attention-Effekt. Deshalb packen Sie Aufzählungen, die vielleicht im Moment nummeriert auf einer Folie stehen, jede auf eine extra Folie. So bekommen Sie einerseits mehr Dynamik und andererseits wird Ihr Teilnehmer nicht vom Wesentlichen abgelenkt: Ihrer Stimme.

So gelingt es Ihnen, bewusst Reize zu setzen und Ihre Teilnehmer aufmerksam und konzentriert zu halten.

**PowerPoint-Animationen**

Wie gerade schon besprochen, ist das schrittweise Einblenden von Texten, statt den gesamten Folientext auf einmal einzublenden, eine gute Möglichkeit, die Dynamik in Ihrem Webinar hochzuhalten. Finden Sie hier einen für Sie und Ihre Teilnehmer angenehmen Mittelweg, da es auch störend wirken kann, wenn Sie jede kleinste Information einzeln einblenden oder Informationen sogar aufsplitten. Dies wirkt unfertig und holprig und sollte vermieden werden.

Auch die Art der Animation sollte sorgfältig gewählt und an Zielgruppe und Webinar-Thema adaptiert sein. Gerade aufwendige Dinge, wie das Einfliegen von Texten, oder andere Animationen, die PowerPoint zu bieten hat, wirken oftmals verspielt und kindlich. Damit verlieren Sie schnell die Seriosität und Ihre Teilnehmer konzentrieren sich tatsächlich weniger auf den Inhalt, der natürlich trotz der Animation gut und richtig sein kann.

Auch die Art der Animation kann also die Wahrnehmung der Teilnehmer stark lenken und beeinflussen, wie diese Ihren Text aufnehmen und welche Wirkung er erzielt. Gerade bei seriösen Webinaren, wie Online-Kursen, Fortbildungen oder auch bei firmeninternen Meetings, sollten Sie den Text auf einfache, unspektakuläre Weise einblenden lassen.

Dies bedeutet nicht, dass Sie keine aufwändigeren oder auffälligeren Animationen nutzen dürfen, wenn dies zu Ihrem Webinar-Thema passt und mit Ihrer Zielgruppe harmonisiert. Hier ist also wieder eine individuelle Lösung gefragt.

Beachten Sie, dass die Animationen natürlich verloren gehen, wenn Sie Ihre PowerPoint-Präsentation in ein PDF-Format umwandeln. Hier können Sie sich jedoch mit speziellen Add-ons für PowerPoint aushelfen.

**Textfolien**

Um den Split-Attention-Effekt zu vermeiden, sollten Sie mit Text auf Ihren Vortragsfolien generell sehr sparsam umgehen. Besser ist es, das Gesagte durch Bilder, Grafiken oder Videomaterial zu unterstreichen, da hierbei Ihre Teilnehmer immer noch bewusst Ihren Worten lauschen und gleichzeitig die Informationen auf der Folie verarbeiten können. Dies führt im Idealfall zum Verknüpfen der Informationen im Gehirn und zum besseren Lernen und Verstehen Ihrer Botschaft.

Verwenden Sie Text auf Ihren Folien, sollte dieser möglichst kurz sein, am besten stichpunktartig. Anders gestaltet sich das bei Folien, die Sie im Nachgang einblenden oder in den Unterlagen, die Sie Ihren Teilnehmern nach dem Webinar zur Verfügung stellen. Hier können Sie Folien einbauen, auf denen Sie das von

Ihnen Gesagte stichpunktartig zusammenfassen und Ihren Teilnehmern so die volle Bandbreite an Informationen liefern. Dies wird gern gesehen bei Webinar-Nutzern, da sie dann nicht zum Mitschreiben gezwungen sind.

Denn auch das Mitschreiben und Notieren neben dem Zuhören kann leicht zu einem Split-Attention-Effekt führen. Hier ist es besser, wenn Ihre Teilnehmer sich während des Live-Webinars auf Sie und Ihre Stimme konzentrieren können. Als Add-on und in der Nachbereitung Ihres Webinars, im Follow-up, können Sie den Text zur Verfügung stellen. Auch bei nicht live abgehaltenen, sondern im Nachhinein online abrufbaren Webinaren, können Sie diese Textfolien einbauen und Ihren Teilnehmern kurz Zeit geben, diese in Ruhe und ohne Ablenkung durch die Stimme des Moderators durchzulesen.

Nun gibt es immer Situationen und Themengebiete, die den Einsatz von langen Textpassagen unumgänglich machen. Hier sind vor allem das Abbilden von Gesetzestexten oder umfangreichen Definitionen zu nennen. In diesem Fall können Sie Ihre Teilnehmer um etwas Interaktion bitten und sie den Text selbstständig lesen lassen. Planen Sie eine Pause ein, die Ihren Teilnehmern genug Zeit gibt, den Text zu lesen und zu verstehen, und fahren Sie dann mit Ihrem Vortrag fort.

Dies ist auch eine Art Format-Wechsel und kann die Dynamik in Ihrem Vortrag begünstigen, sowie die Aufmerksamkeit Ihrer Teilnehmer fordern und fördern.

**Bilder und Illustrationen**

Die Verwendung von Bildern und Illustrationen spricht auch diejenigen Ihrer Teilnehmer an, die gern visuell lernen. So können Sie diesen Menschen entgegenkommen und vermeiden gleichzeitig den Split-Attention-Effekt durch zu viel Text auf Ihren Folien.

Aber auch diejenigen, die Ihnen gern Zuhören und auf Ihre Stimme fokussiert sind, freuen sich über den Einsatz von Bildmaterial. Einerseits lockert dies die Stimmung, andererseits bekommen Sie so die Aufmerksamkeit Ihrer Teilnehmer, da sich jeder gern Bilder ansieht.

Schaffen Sie es, mit den eingesetzten Bildern sogenannte Sinnbilder zu erzeugen, ist dies für die Verknüpfung des Gelernten und für den Erfolg des Webinars stark von Vorteil. Hierbei werden Sachzusammenhänge vermittelt und das Zusammenspiel von Sprache und Bild führt zu einer Verknüpfung und zu nachhaltigem Lernen bei Ihrem Zuschauer.

Aber auch, wenn es sich rein um eine Produktpräsentation handelt, sind Bilder sehr vorteilhaft. Zeigen Sie damit beispielsweise die

Verwendung des Produkts, typische Fehler, Ergebnisse oder einfach nur Ausschnitte aus der Bedienung. Auch bei einem Webinar mit dieser Thematik und dem Ziel, ein Produkt vorzustellen und einen Verkauf abzuschließen, lernen die Teilnehmer schließlich etwas – in diesem Falle über Ihr Produkt. Also sind auch für diese Art von Webinaren dieselben lerntheoretischen Hintergründe anzuwenden wie bei Online-Kursen oder Fortbildungsveranstaltungen.

Damit Ihre Bilder gezielt wirken und ins Schwarze treffen, platzieren Sie diese prominent und gut sichtbar. Pro Folie sollte hierbei nur ein Bild verwendet werden. Dieses können Sie, ohne die typische Gestaltung des Folien-Masters zu verwenden, durchaus im Vollbild anzeigen. Dabei sollten Sie auf die Qualität des Bildes achten. Verpixelte, unscharfe oder verwackelte Bilder wirken nicht auf Ihre Teilnehmer oder nur in einer Weise, die Sie nicht bezweckt haben und die Ihnen keinen Vorteil bringt, sondern eher nachteilig ist.

Ihre Bilder sollten außerdem nur eine einzelne Botschaft enthalten und nicht für mehrere verschiedene Aussagen herhalten. Dies verwirrt Ihre Teilnehmer und verzerrt die Botschaften, die Sie mit dem Bild verknüpfen wollen.

Auch die emotionale Komponente der Bilder sollten Sie bedenken. Gezielt eingesetzt können Sie mit bestimmten Bildern Emotionen wecken, was zu einer stärkeren Verknüpfung und Bindung zu Ihrer Aussage führt. So ist ein Überzeugen Ihrer Teilnehmer möglich. Beim richtigen Einsatz von Emotionen haben Sie ein starkes Mittel in der Hand, Bindung zu Ihren Teilnehmern einzugehen und diese in die Richtung zu lenken, in die Sie sie mit dem Webinar führen möchten.

Allerdings sollten Sie sich hierzu über die emotionale Wirkung sehr sicher sein, die Ihr Bild auslösen wird. Im Zweifel legen Sie das Bild im Vorfeld einigen Leuten vor, die zu Ihrer Zielgruppe gehören, und fragen deren Meinung zu dem Bild und deren Reaktion ab.

Auch das Hervorheben einzelner Bildausschnitte kann sehr sinnvoll sein, wenn Sie das Bild im Großen präsentieren wollen, aber die Aufmerksamkeit Ihrer Teilnehmer eher auf einen kleinen Bereich, am besten den für die Entscheidung wichtigsten Bereich, lenken möchten.

Gern werden auch mehrere Bilder in einer Foto-Story verknüpft dargestellt. Hiermit können Sie beispielsweise die Entwicklung eines Produkts darstellen oder einen Vorher-Nachher-Effekt deutlich machen. Das schrittweise Aufdecken der Bilder erzeugt außerdem mehr Spannung und Konzentrationsbereitschaft bei Ihren Teilnehmern, als würden Sie die gesamte Story auf einmal einblenden.

Achten Sie darauf, Bilder zu verwenden, die zu Ihrem Thema passen und von denen Sie die Rechte

haben, diese zu verwenden. Plattformen, um Bilder zu lizenzieren, damit Sie diese für Ihre Vorträge verwenden können, sind in der folgenden Liste beispielhaft genannt.
Natürlich ist diese Aufzählung nicht vollständig und kann erweitert werden.

| **Bilder** | **Illustrationen und Vektorgrafiken** | **Spezialisierte Plattformen zu bestimmten Themen** |
|---|---|---|
| Adobe Fotostock (ehemals Fotolia) | Freepik.com | Medizinwelten.de |
| Shutterstock | Flaticon.com | |
| Pixabay.com | | |
| Unsplash.com | | |

Auch die Google-Bildersuche kann Ihnen bei dem Sammeln passender Bilder helfen. Hier können Sie den Suchfilter so einstellen, dass Ihnen nur Bilder geliefert werden, die mit einer Creative-Commons-Lizenz versehen sind. Diese Lizenz erlaubt es Ihnen unter bestimmten Bedingungen, das Bild kostenfrei zu verwenden. Da sich die Bedingungen oftmals von Bild zu Bild stark unterscheiden, lesen Sie hier die Regeln zur Verwendung sehr genau durch. Manche dieser Bilder dürfen ohne Nennung des Urhebers genutzt werden, manche dürfen nicht bearbeitet, andere nicht für kommerzielle Zwecke eingesetzt werden.

Im Suchfilter können Sie nach der jeweiligen Verwendungsart filtern und beispielsweise nur Bilder suchen, die „Zur Wiederverwendung und Veränderung gekennzeichnet" sind. Dazu stellen Sie bei der Google-Bildersuche unter dem Button „Tools" die „Nutzungsrechte" entsprechend ein. Um sicher zu sein, ob das nun gefundene Bild für Ihre Verwendung freigegeben ist, lassen Sie sich von Google immer auf die Internetseite weiterleiten, auf der das Bild verlinkt ist. Dort können Sie die Rechte und Regeln nachlesen, um alle rechtlichen Vorgaben einhalten zu können.

Eine unsachgemäße, unrechtmäßige Verwendung kann zu Schadensersatzforderungen und strafbewehrten Unterlassungsansprüchen führen. Vermeiden Sie dies unbedingt.

**Tabellen**

Auch der Einsatz von Tabellen, Statistiken und Grafiken ist sinnvoll, wenn dies zu Ihrem Thema und Ihrer Zielgruppe passt. Achten Sie jedoch darauf, dies auf eine bestimmte Art vorzubereiten, denn Tabellen enthalten oftmals viele Informationen auf einmal und lösen deshalb sehr leicht einen Split-Attention-Effekt aus.

Der Einsatz Zahlenmaterials ist gerechtfertigt, um Ihre Aussagen zu untermauern. Ihre Teilnehmer mögen es gern, wenn Sie Ihre Aussage durch etwas belegen können und hier eignen sich Tabellen sehr gut. Doch meistens enthalten Tabellen viel zu viele Informationen, von denen für Sie und Ihre Teilnehmer in dem Moment des Einsatzes nur ein Teil wirklich wichtig ist.

Heben Sie also diesen Teil hervor. Geben Sie nun Ihren Teilnehmern etwas Zeit, sich in die Tabelle einzufinden und erklären Sie dann die Daten und Aussagen, die sich in Ihrer Tabelle verbergen. Durch das Hervorheben einzelner Bereiche lenken Sie die Aufmerksamkeit Ihrer Teilnehmer auf genau den Bereich, den Sie gerade erklären. Bei Bedarf kann die Hervorhebung wechseln, sodass nacheinander alle wichtigen Bereiche der Tabelle abgearbeitet werden können.

### Diagramme und Grafiken

Hinter Diagrammen verstecken sich oft metaphorisch gezeichnete Beziehungen und Sinnbilder, die eine Aussage bildlich darstellen. Achten Sie darauf, diese Diagramme so einfach wie möglich zu halten, um auch hier den Split-Attention-Effekt zu vermeiden.

Bei Bedarf, und wenn Ihre Diagramme oder Grafiken dies zulassen, kann auch hier mit einer schrittweisen Einblendung gearbeitet werden, um den Teilnehmer durch das Diagramm zu führen und es verständlich zu erklären.

Achten Sie auf die folgenden Zeichen, die eine verständliche Grafik ausmachen:

- Schnelles Erfassen der Grafik hinsichtlich Struktur und deren Aussage.
- Verwenden von klaren Formen und Farben.
- Inhalte beschriften für besseres Verständnis. Beschriftungen allerdings so knapp wie möglich halten.
- Schrittweises Einblenden einzelner Elemente.
- Hervorheben der wichtigen Elemente und ausblenden der eher unwichtigen Teile. Dies ist eine sehr gute Möglichkeit, eine komplexere Grafik in ihrer Gesamtheit zu präsentieren, aber die Erklärung auf einen Teil zu fokussieren, ohne durch den Split-Attention-Effekt zu viel Aufmerksamkeit Ihrer Teilnehmer einzubüßen.

## FLIPCHART UND WHITEBOARD

Eine sehr interessante Technik, die Sie, sofern möglich, unbedingt verwenden sollten, ist der Einsatz von Flipchart und Whiteboard. Hier können Sie Ihre Inhalte und Botschaften noch einmal auf einem ganz anderen Level präsentieren, indem Ihre Teilnehmer Ihnen dabei zusehen, wie Sie Grafiken direkt passend zu Ihrer Erklärung aufmalen.

Dies fesselt die Aufmerksamkeit Ihrer Teilnehmer sehr und Sie können davon ausgehen, dass Ihnen während des Zeichnens nahezu alle Webinar-Zuschauer gespannt über die Schulter schauen. Wenn Sie nun denken, unter diesen Bedingungen werden Ihre Zeichnungen nicht schön, gibt es hierfür den einfachen Trick, im Vorfeld die Grafiken auf der Flipchart zu skizzieren. Hierfür eignet sich ein feiner Bleistift, der im Kamerabild nicht erkannt wird. So erscheint die Flipchart weiterhin weiß und Sie können im passenden Moment mit einem dicken, gut zu erkennenden, idealerweise schwarzen Stift die feinen Linien nachfahren.

Machen Sie sich auch für die Grafiken auf der Flipchart gute Konzepte. Für diese gilt, wie für Diagramme in PowerPoint, dass Sie nur das darstellen sollten, was gerade in diesem Augenblick relevant ist. Sorgen Sie dafür, dass die Grafik auch im fertigen

Zustand gut verständlich ist und sich die Linien nicht überlagern und Chaos erzeugen.

Das Arbeiten mit verschiedenen Farben ist nur dann sinnvoll, wenn alle Farben gut dargestellt werden können und von Ihren Teilnehmern am anderen Ende des Endgeräts auch wahrgenommen werden.

Auch das Ankleben von Kärtchen und Zetteln in einem bestimmten Schema am Flipchart ist möglich und kann Dynamik und Abwechslung in Ihren Vortrag bringen.

Generell gelten diese Dinge auch für die Arbeit mit dem Whiteboard. Hier ist allerdings die Perspektive eine andere. Ein Whiteboard kann auch ganz einfach ein Stück weißes Papier sein, welches von oben abgefilmt wird. Hierbei erfasst die Kamera aus der Vogelperspektive Ihre Hände und das Papier, sodass Sie hier beliebige Dinge zeichnen, malen oder auch vorrechnen können.

Dies ist prinzipiell vergleichbar mit dem Format bei einer handwerklichen Tätigkeit, wenn Sie Ihren Teilnehmern beispielsweise den Zusammenbau eines Geräts oder das Montieren von verschiedenen Gerätschaften demonstrieren wollen.

Hier greift die Spiegelneuronen-Theorie, die besagt, dass eine Handlung bereits dann erlernt wird, wenn diese bei einer anderen Person beobachtet wird. Die Gehirnzellen verknüpfen dies auf dieselbe Art, als würden Sie die Handlung selbst ausführen.

Achten Sie beim Whiteboard und bei der Darstellung handwerklicher Tätigkeiten auf eine geeignete Perspektive und bauen Sie bei letzterem, wo dies möglich ist, weitere Perspektiven und Blickwinkel ein, um möglichst jeden Handgriff ideal darstellen zu können.

## REALE OBJEKTE NUTZEN

Wenn Sie ein reales Anschauungsobjekt haben – beispielsweise das vorgestellte Produkt bei einer Produktvorstellung in Webinar-Form – oder andere reale Dinge, die Sie präsentieren können, nutzen Sie dieses Medium aus.

Jeder Wechsel in Format, Material und Perspektive erregt die so wichtige Aufmerksamkeit Ihrer Teilnehmer und wird Ihnen dabei helfen, Ihre Botschaft zu vermitteln.

# Methoden

Es gibt verschiedene Methoden, wie ein Webinar aufgebaut werden kann. Hierzu zählt die Art und Weise der Moderation, die sich grundlegend unterscheidet von dem Vortragen vor Live-Publikum, der sogenannten Präsenz-Moderation. Doch auch das Set-up und die Aufnahme des Webinars können unterschiedlich von Ihnen gehandhabt werden.

## PRODUKTIONSVARIANTEN

Aufgrund der vielfältigen Möglichkeiten an technischen Spielereien, können Sie Ihr Set-up zur Produktion Ihres Webinars quasi vollkommen selbst übernehmen, es von einer professionellen Firma zusammenstellen lassen und selbst nur als Moderator auftreten oder die Inhalte zum Webinar liefern.

**Produktion im Studio**

Es gibt Firmen, die sich komplett auf die Produktion von Webinaren, Live-Online-Events und anderen Online-Lehrveranstaltungen und dergleichen spezialisiert haben. Eine davon ist beispielsweise neokom.tv.

Hier steht ein spezialisiertes Team im Hintergrund, welches Sie durch die Entstehung Ihres Webinars leitet, Ihnen sozusagen alle Aufgaben abnimmt, die technischer Natur sind. Dies ist als kostenpflichtige Dienstleistung nur dann für Sie interessant, wenn Sie mit einer hohen Teilnehmerzahl und einer guten Resonanz auf Ihr Webinar rechnen können.

Generell können Sie sich jedoch mit allen Fragen an Experten wenden. Heutzutage gibt es im World Wide Web nahezu jede Dienstleistung angeboten, die Sie brauchen. So können Sie das Marketing auslagern, die Erstellung des Webinar-Textes oder jede beliebige andere Aufgabe.

Auch als Referent, der zu Hause vor seinem Laptop sitzt, können Sie von der Expertise von Studios profitieren, indem Sie live dem Webinar zugeschaltet werden können. Hierzu brauchen Sie im Prinzip nichts weiter als einen Computer mit stabiler und schneller Internetverbindung, eine Webcam und ein Headset.

**Virtual Classroom**

Die meisten Webinare werden heutzutage aufgrund von Kostengründen oder logistischen Hindernissen nicht in einem Studio produziert. Stattdessen gibt es Plattformen, die sogenannte Virtual-Classroom-Systeme anbieten, wo Sie sich als Referent und Ihre Teilnehmer einwählen, um miteinander, meist per Chat, zu kommunizieren. Oft ist diese Art von Webinar mit einer PowerPoint- oder anderweitigen Präsentation bestückt sowie dem Video-Feed des Vortragenden und dem Chat, in dem die Teilnehmer Fragen und Anmerkungen unterbringen können.

**Einzeln oder im Team**

Natürlich können Sie prinzipiell alle Aufgaben, die für die Webinar-Produktion nötig sind, selbst abarbeiten und übernehmen. Angenehmer wäre es jedoch, ein kleines Team zusammenzustellen, welches sich, beispielsweise firmenintern, mit verschiedenen Aufgaben auseinandersetzen kann. Zu verteilen sind folgende Aufgaben:

- **Projektleitung**

Der Leiter des Projektes ist für die Gesamtorganisation zuständig und überblickt den Fortschritt aller einzelnen Team-Mitglieder. Er organisiert sämtliche Fragen und überwacht die Einhaltung verschiedener Ziele.

Natürlich kann er auch Aufgaben übernehmen, wie beispielsweise die Webinar-Beschreibung und die Gestaltung des Materials für Werbung und Marketing. Für das Follow-up und die Nachbereitung des Webinars ist der Projektleiter oftmals ebenfalls zuständig.

- **Referent**

Der Referent gestaltet das Online-Webinar inhaltlich und ist für die didaktische Planung zuständig. Hierunter fallen unter anderem die Formulierung gewisser Lernziele bei Fortbildungsveranstaltungen und die Entwicklung der Inhalte und der eingesetzten Formate. Natürlich unterstützt er den Projektleiter vor allem bei der Webinar-Beschreibung und dem Ablaufplan. Auch die Erfolgsauswertung und Nachbereitung des Webinars gehört gemeinsam mit dem Projektleiter zu den Aufgaben eines Referenten.

- **Moderatoren**

Bei Bedarf kann es zusätzlich zum Referenten, der die fachliche Kompetenz in Bezug auf das Webinar-Thema mitbringt, einen oder mehrere Moderatoren geben. Diese koordinieren die Fragen und Anmerkungen der Teilnehmer und auch eventuelle Zuschaltungen von Audio- oder Video-Feeds. Auch die Begrüßung und die allgemeine Führung durch das Webinar gehören zu den Aufgaben eines Moderators.

- **Technik**

Als Mitarbeiter im Technik-Team sind die Aufgaben breit gefächert. Die Beleuchtung, der richtige Kamerawinkel, das Zuschalten und Umschalten von Vortragsmedien, wie Videos oder Interaktionen, wie Video-Feeds verschiedener Teilnehmer, gehören hier dazu. Natürlich sind die Techniker auch für den reibungslosen Ablauf des Webinars zuständig und sollten dafür sorgen, dass die Technik reibungslos funktioniert und es nicht zu Bild- und Tonqualitätsminderungen kommt.

# EXKURS: DESKTOP AUFZEICHNUNG

Um Ihr Webinar oder Onlineseminar später besser vermarkten zu können (z.B. auf Facebook) gibt es sogenannte „Rekorder-Programme“ die sehr einfach Ihren Bildschirm aufnehmen. In aller Regel müssen Sie dafür kein Geld ausgeben - es gibt genügend kostenlose Software-Tipps (z.B. auf www.computerbild.de).
Diese Software Tools erlauben Ihnen auch neben der Möglichkeit der reinen Bildschirmaufnahme auch den Systemton oder einen Mikrofon-Ton aufzuzeichnen. Oft wird auch die Einblendung von Schrift oder einer Webcam zugelassen.

Weiterhin bietet auch Windows 10 die Möglichkeit einer Bildschirmaufnahme. Oftmals reicht diese Funktion für kurze Erklär Videos.

- Bereiten Sie Ihren Bildschirm so vor, wie Sie ihn zum Start filmen möchten.
- Drücken Sie nun *Windowstaste+G.* (Eventuell fragt Windows, ob man die Spielleiste öffnen möchte. Bejahen Sie dies, auch wenn Sie andere Pläne haben, als zu spielen.)

- Ist der Screenmode gestartet, drücken Sie *Windowstaste+Alt+R,* um die Aufnahme zu starten. (sollte hier eine Fehlermeldung erscheinen, kann es sein, dass Ihre Systemvoraussetzungen für die Bildschirmaufnahme Funktion nicht erfüllt sind.

# MODERATION ONLINE VS. PRÄSENZ

Wenn Sie schon Erfahrung darin haben, vor einer Gruppe von Menschen vorzutragen, wird es sich im ersten Moment vielleicht komisch anfühlen, vor einer Kamera zu sprechen. Im Gegensatz zu Ihren Teilnehmern, die Sie im Video-Feed sehen können, bekommen Sie meist keinen Ihrer Teilnehmer bildlich angezeigt, sondern sehen höchstens noch deren Namen im Chat.

Auch das direkte Feedback fehlt Ihnen, sodass Sie nicht wissen, ob Ihre Teilnehmer Sie einerseits verstehen, ob noch Fragen offen sind oder Ihre Zuhörer sogar Kritik äußern. Eine Verbindung zu Ihren Teilnehmern aufzubauen, wird Ihnen hierdurch erschwert und muss mit anderen Mitteln erreicht werden. Hier sollten Sie vor allem die Interaktion im Chat anregen und die Methoden anwenden, die Sie weiter vorn in diesem Buch bereits gelernt haben.

Erschwerend kommt hinzu, dass Ihre Teilnehmer sich unbeobachtet fühlen. Meist folgen sie Ihrem Webinar zu Hause, allein vor dem Laptop sitzend oder vielleicht mit dem Smartphone auf der Couch. Sie haben nun keinerlei Kontrolle darüber, ob Ihre Teilnehmer Ihnen wirklich aktiv zuhören oder sich nebenbei mit anderen Dingen beschäftigen, sich ablenken lassen oder vielleicht sogar kurz den Raum und das Webinar verlassen.

Dies können Sie nicht verhindern, können aber versuchen, mit einer interessanten Gestaltung und fesselnder Vortragsdidaktik Ihre Teilnehmer zu unterhalten und dazu zu animieren, Ihnen aufmerksam zuzuhören.

# EISBRECHERAKTIVITÄT

Die Eisbrecheraktivität zielt darauf ab, dass Ihre Teilnehmer direkt zu Anfang mit Ihnen in Interaktion treten und sich dann trauen, aktiver am Chat und am Webinar selbst teilzunehmen.

Sie bauen sozusagen direkt eine engere Bindung zu Ihren Zuhörern auf, sodass diese Ihnen gern zuhören und in Interaktion treten möchten.

Als Eisbrecher eignet sich beispielsweise die Frage, ob Ihre Teilnehmer Sie verstehen können, ob die Technik funktioniert und das Bild gut dargestellt wird. Fordern Sie Ihre Teilnehmer direkt auf, die Antwort auf diese Fragen in den Chat zu tippen, sodass sie sich gleich einmal mit der Funktion des Virtual-Classroom auseinandersetzen können und später geneigter sind, Interaktionen mitzumachen oder Fragen zu stellen.

Auch eine einfache Frage, die zu Ihrem Thema passt, kann als Eisbrecher fungieren. Diese sollte ohne große Vorkenntnisse zu beantworten sein und unverfänglich gestellt werden, sodass viele Ihrer Teilnehmer sich trauen, diese zu beantworten. Auch kurze Umfragen oder Abstimmungen eignen sich als Eisbrecher.

Achten Sie darauf, die Eisbrecheraktivität zeitlich nicht zu sehr in die Länge zu strecken. Ein bis drei Minuten dafür reichen vollkommen aus.

## LERNTHEORETISCHES GESTALTEN DER VORTRAGSMEDIEN

Bei aller nötigen und auch gewünschten Individualität können Sie sich beim Design Ihrer Vortagsfolien, Filme und anderer genutzter Lernmedien dennoch auf einige Punkte besinnen, die lerntheoretisch sinnvoll sind und es Ihren Teilnehmern so erleichtern, Ihren Ausführungen folgen zu können.

**Kohärenz**

Unter Kohärenz versteht sich, einfach alles wegzulassen, was nichts mit dem Inhalt Ihres Webinars zu tun hat. Sie verzichten also auf Ihren Folien auf unnötige Schmuck- oder Designelemente, wählen einen ruhigen, einfarbigen Hintergrund und füllen die Folie mit dem, was Ihre Teilnehmer als Kernaussage mitnehmen sollen.

Merken Sie sich, dass alle Elemente, die rein der Zierde dienen, eine große Ablenkung darstellen. Wenn Sie einige Elemente einfügen möchten, so achten Sie darauf, dass es sich um Designs handelt, die zueinanderpassen oder verwenden Sie am besten auf jeder Folie gleiche Designelemente.

Natürlich ist auch das Anbringen eines Logos oder dergleichen erlaubt. Schließlich sollen die Teilnehmer wissen, von wem das Webinar durchgeführt wird. Auch der Hinweis auf das Produkt, um das es beispielsweise in einer Produktpräsentation geht, ist auf jeder Vortagsfolie erlaubt und oftmals sogar erwünscht.

**Redundanz**

Dies bezieht sich auf die Tatsache, dass der Mensch all seine Sinne nutzt, um etwas Neues zu erlernen. Eine Botschaft auf redundante Art zu vermitteln, bedeutet also, dass Sie so viele Sinne Ihrer Teilnehmer ansprechen wie möglich. Dies wären im Falle eines Webinars der Gehör- und der Sehsinn.

Im Idealfall verknüpft Ihr Teilnehmer das Gesehene mit dem Gehörten und merkt es sich so leichter und effizienter. Wenn Sie den Fehler machen, das Gesagte nicht dem Gesehenen anzupassen, kann der Split-Attention-Effekt diese Verknüpfung reduzieren oder verhindern.

Achten Sie also darauf, dass Ihre Folien immer das unterstreichen und unterstützen, was Ihr Moderator gerade sagt. Dies muss nicht unbedingt dadurch geschehen, dass das Gesagte einfach niedergeschrieben wird, sondern kann in Form eines Bildes, einer Grafik, eines Videos oder auf eine andere Art geschehen.

**Signalisierung**

Unter der Signalisierung Ihres Vortags versteht sich die klare Struktur und Ordnung. Dies bezieht sich auf die

Hierarchie der Überschriften sowie auf die Gestaltung aller Designelemente. Elemente, die sich inhaltlich oder in ihrer Funktion gleichen, sollten Sie auch immer optisch gleich gestalten.

Beispielsweise Merksätze oder Kernaussagen. Diese können Sie immer in derselben Schrift oder in einem Kasten präsentieren, sodass Ihre Teilnehmer sofort sehen, worum es sich handelt.

Dies können Sie auch nutzen, um verschiedene Arten von Folien optisch zu unterscheiden. Auf Folien, die Ihre Teilnehmer zur Interaktion anregen, können Sie andere Elemente, Farben, Schriften oder Hintergründe verwenden als auf Inhaltsfolien, die rein der Wiedergabe des Webinar-Inhalts dienen und deren alleiniger Zweck es ist, dass Sie Ihren Teilnehmern Wissen vermitteln können. Eine weitere Folienart sind Übersichtsfolien, die beispielsweise ein Inhaltsverzeichnis oder Übersichten am Anfang des Vortrags präsentieren. Auch Folien, mit denen Sie einzelne Abschnitte zusammenfassen, sind denkbar oder es gibt in Ihrem Webinar aufgrund individueller Vorlieben noch eine andere Folienart, die Sie kreieren und nutzen wollen. Hier orientieren Sie sich auch wieder an Ihrer Zielgruppe und gehen danach, was das Thema Ihres Webinars hergibt.

**Multimedia**

Auch lerntheoretisch ist es sinnvoll, mehrere Medien und Formate miteinander zu kombinieren. Nutzen Sie nebst Ihrer Stimme und Vortragsfolien also gern auch Bilder, Grafiken, Tabellen, Videos und alles, was Ihnen einfällt und Ihre Technik hergibt.

Achten Sie darauf, Ihre Teilnehmer allerdings nicht zu überfrachten. Hier kommen Sie schnell in Versuchung, in ein Übermaß zu verfallen. Damit laufen Sie Gefahr, chaotisch und unorganisiert zu wirken, was Ihre Teilnehmer verschrecken könnte und ihnen das Erfassern der Botschaft, die Sie ihnen mitgeben möchten, erschwert.

## DER ROTE FADEN

Ein unstrukturierter Vortrag macht es nicht nur Ihnen schwerer, beim Thema zu bleiben, sondern erschwert es auch vor allem Ihren Teilnehmern, Ihren Ausführungen konzentriert folgen zu können. Deshalb ist es wichtig, dass Sie sich ein Grundkonzept überlegen, an dem Sie sich während des Webinars sozusagen entlanghangeln können. Sinnbildlich für den roten Faden Ihres Webinars können Sie sich eine Wäscheleine vorstellen, bei der Sie nacheinander Einleitung, Hauptteil, Schluss und den Call-to-Action anheften.

Ein gut strukturierter Vortrag, bei dem Ihre Teilnehmer sich auskennen und grob wissen, was sie noch erwartet, hält auch die Drop-out-Rate geringer, da Sie damit eine kontinuierliche Spannung erzeugen, die Erwartungen hochhalten, letztendlich auch erfüllen und so Ihre Teilnehmer zufriedenstellen.

Außerdem besagt die Lerntheorie, dass neues Wissen nur dann abgespeichert werden kann, wenn es mit altem Wissen verknüpft wird. Dies hängt mit der Struktur des menschlichen Gehirns zusammen und ist für Sie in Ihrem Webinar nutzbar. Achten Sie also darauf, dass Sie mit bekannten Dingen beginnen, um Ihre Teilnehmer auf das Webinar vorzubereiten, eventuelle Nervosität bei unerfahrenen Webinar-Besuchern zu nehmen und auch schon die erste Interaktion abzufragen, um das Eis zu brechen und den

Teilnehmern den Vorteil der Chatnutzung und der Interaktion mit Ihnen oder Ihrem Moderator zu verdeutlichen.

Als Nächstes knüpfen Sie an dieses bereits bekannte Wissen an und bauen darauf auf, sodass es Ihren Teilnehmern leichter fällt, sich das Gehörte auch zu merken und abzuspeichern.

Hierbei kann Sie auch die Verwendung von Metaphern unterstützen, mit denen Sie sinnbildlich Ihren roten Faden darstellen und für die Teilnehmer visualisieren können. Beispielsweise können Sie hier Ihren Vortrag schematisch an den vier Jahreszeiten, den Tageszeiten, den Himmelsrichtungen oder dergleichen orientieren. Besser funktioniert es aber natürlich, wenn Sie sich einen individuellen roten Faden kreieren, der auf Ihre Zielgruppe und Ihr Webinar abgestimmt ist.

## FACHBEGRIFFE VERWENDEN

Die Verwendung von Fachbegriffen ist explizit erlaubt und erwünscht. Sie sind in Ihrem Webinar, wenn es sich um ein fort- oder weiterbildendes Webinar handelt, in der Rolle des Experten, der seinen Webinar-Teilnehmern Wissen und Fähigkeiten vermitteln möchte.

Weniger wichtig ist dies bei reinen Produkt-Launches und Produktvorstellungen, die sich an die breite Masse richten. Sind Sie allerdings Produzent von Medizinprodukten, kann es auch bei einer Produktvorstellung sinnvoll sein, medizinische Fachbegriffe auf korrekte Art zu verwenden.

Dies kennzeichnet Sie oder Ihren Moderator und den Vortragenden als fähig, sich mit Ihren Teilnehmern, die in diesem Falle Ärzte oder medizinisches Fachpersonal sein könnten, auf Augenhöhe zu unterhalten.

Neben der klar definierten inhaltlichen Aussage, die über die Verwendung von Fachbegriffen transportiert wird, wird auch eine Statusaussage kommuniziert. Indem Sie also die richtigen Fachbegriffe zum richtigen Zeitpunkt passend verwenden, werden Sie bei Ihren Teilnehmern ein Zugehörigkeitsgefühl auslösen und eine stärkere Verbindung zu Ihren Teilnehmern eingehen können.

Diese Verbindung wird letztendlich auch darüber entscheiden, wie viel Wissen Ihre Teilnehmer aus dem Webinar mitnehmen und wie geneigt sie sind, Ihrem Call-to-Action nachzukommen.
Achten Sie allerdings darauf, dass manche Fachwörter mit mehreren Bedeutungen besetzt sein können. Hier sollten Sie bei der ersten Verwendung des Wortes eine klare Definition geben, die die Sachaussage, die Statusaussage und die Deutungsaussage des von Ihnen verwendeten Fremdwortes klarstellt und Ihren Teilnehmern damit deutlich macht, wie sie das Fachwort verstehen müssen.

- **Sachaussage**: Besagt, was der Begriff inhaltlich aussagt.
- **Statusaussage**: Spiegelt wider, zu welcher Personengruppe der Verwender gehört (zum Beispiel medizinische Fachbegriffe, die von medizinisch versierten Menschen, wie Apothekern, Ärzten, Heilpraktikern etc. verwendet werden).
- **Deutungsaussage**: Trägt Ihre individuelle Meinung und Stellung zum Begriff. Ein Begriff kann von verschiedenen Menschen oder Gruppen unterschiedlich gedeutet werden. Wie stehen Sie zu Ihrem Fachwort und was wollen Sie damit aussagen? Dies muss bei Ihren Teilnehmern ankommen.

**Split-Attention-Effekt mit Fremdwörtern**

Merken Sie sich, dass Sie im Zweifel lieber ein Fremdwort zu viel erklären als eines zu wenig. Dies hat den Hintergrund, dass ein nicht verstandenes Fremdwort bei Ihren Teilnehmern Verwirrung bis hin zu Frustration auslösen kann.

Nachdem ein Fremdwort gefallen ist, das einzelne Teilnehmer nicht verstehen, werden sich diese für einige Sekunden mit dem Fremdwort auseinandersetzen. In diesen wertvollen Sekunden, in denen Sie in der Vermittlung Ihrer Botschaft weiterverfahren, hört Ihnen Ihr Teilnehmer jedoch nicht zu und muss nach einem kurzen Moment mühsam in Ihren Vortrag zurückfinden. Dies ist auf Dauer anstrengend und wird Ihrem Teilnehmer den Spaß am Webinar verderben.

Zusätzlich entgehen Ihren Teilnehmern wertvolle Informationen im Kontext mit dem nicht verstandenen Fremdwort, sodass die notwendige Verknüpfung des Wissens nicht stattfinden kann.

Möglicherweise schlagen einige Ihrer Teilnehmer das Fremdwort sogar nach und sind für einige Zeit mit etwas ganz anderem beschäftigt als Ihrem Vortrag. Dies führt zu Frustration und kann auch eine erhöhte Drop-out-Rate bedingen, wenn Sie viele Fremdwörter ohne Erklärung nutzen, die Ihre Teilnehmer nicht verstehen.

Allerdings sollten Sie auch nicht jedes Fremdwort direkt mit einer Definition und einer Erklärung versehen, wenn Sie sich im Fachjargon bewegen. Außer natürlich, Sie betreiben mit Ihrem Webinar eine Ausbildung oder Weiterbildung, bei der diese Fachbegriffe neu auftauchen und deren Bedeutung erst noch durch Ihre Teilnehmer erfasst werden muss.

Wenn Sie die einfachsten Fachbegriffe erklären, könnte das allerdings die Personen verstimmen und langweilen, die Sie mit Ihrem Vortrag eigentlich ansprechen wollen. Beim Beispiel Medizin sind dies die Ärzte und das medizinische Fachpersonal, die tagtäglich mit diesen Fachbegriffen umgehen.

## INTERAKTION MIT IHREN TEILNEHMERN

Die Interaktionen mit Ihren Teilnehmern sind ein wichtiger Bestandteil des Webinars. Um Ihre Teilnehmer aktiv zu halten und für eine hohe Konzentration zu sorgen, sind Interaktionen aller Art sehr gut geeignet.

Dies kann durch alle technischen Möglichkeiten des VC-Systems geschehen. Hier zu nennen sind beispielsweise Umfragen und natürlich die Chatfunktion, die Sie für alle Fragen und Aufgaben nutzen können. Auch das digitale Whiteboard und andere Techniken können hier zum Einsatz kommen, wieder ganz individuell abgestimmt auf Ihre Teilnehmer und Ihr Webinar-Thema.

Interaktionen können eine Reihe von Zielsetzungen verfolgen:

- Lernerfolg wird durch die Eigeninitiative der Teilnehmer gesteigert. Interaktion macht mobil und bildet Verknüpfungen im Gehirn aus, mit denen Ihre Teilnehmer besser und effektiver lernen.
- Referenten-Feedback einholen. Über Umfragen, Anmerkungen und dergleichen können Sie wertvolles Feedback einholen, ob Ihr Referent oder ob Sie als Referent dem Publikum gefallen haben. Dies kann im besten Falle Ihr Selbstvertrauen

steigern und Ihnen Vorfreude auf das nächste Webinar verschaffen. Aber auch konstruktiv angebrachte Kritik ist sehr wertvoll, um Ihre Fähigkeiten immer weiter zu verbessern.

- Die Erkenntnisfindung können Sie durch geschickt platzierte Fragen anregen, die Ihre Teilnehmer zum Nachdenken bewegen. Wenn Sie dies raffiniert steuern, so antworten Ihre Teilnehmer genau auf die Weise, die Sie gern hätten. So geben Sie Ihren Teilnehmern ein gutes Gefühl und erreichen dennoch Ihre Ziele: das Vermitteln Ihrer Botschaft.
- Informationen über Ihre Zielgruppe und Ihren potenziellen Kundenstamm sammeln. Dies können Sie im Follow-up für Marketingzwecke nutzen.
- Letztendlich können Sie durch geplante Interaktionen aber auch einfach die Anwesenheit Ihrer Teilnehmer kontrollieren. Dies ist beispielsweise vorgeschrieben für Berufsgruppen, die eine Fortbildungspflicht haben und eine gewisse Anzahl an Fortbildungsstunden sammeln müssen. Hier kann die Interaktion auch verpflichtend sein, um die Fortbildung gutgeschrieben zu bekommen.

Wann und wie Sie eine Interaktion in Ihren Vortrag einbinden, ist individuell zu entscheiden. Es empfiehlt sich, den Hauptteil Ihres Vortrags bei großen Themen in kleinere Themenabschnitte zu untergliedern. Wenn dies bei Ihnen angewendet werden kann, können Sie beispielsweise jeden der Themenblöcke mit einer kleinen Interaktion beginnen und / oder auch beenden.

Gerade das Beantworten von gestellten Fragen ist eine sehr beliebte Interaktion und gibt Ihren Teilnehmern außerdem das Gefühl, dass Sie sie ernst nehmen und Ihnen zuhören. Hier ist es sehr sinnvoll, mindestens einen Moderator an der Hand zu haben, der die Fragen für den Redner vorsortiert und sammelt. Fragen können dann in extra dafür vorgesehenen Frageblocks beantwortet werden. Kommunizieren Sie sehr klar mit Ihren Teilnehmern, ob und wenn ja, wann Fragen beantwortet werden. Unbeantwortete Fragen können zu Frustration führen und auch dazu, dass die Teilnehmer diese öfters in den Chat schreiben, aus Angst, überhört worden zu sein.

**Meldung über Audio- und / oder Video-Feed**

Bei einem Webinar mit wenigen Teilnehmern können Sie als Interaktion die direkte Wortmeldung Ihrer Teilnehmer zulassen. Dies eignet sich beispielsweise, um Aufgaben zu besprechen, die Sie Ihren Teilnehmern zur Lösung aufgetragen haben, oder um Diskussionsrunden zu eröffnen. Dafür sollten Ihre Teilnehmer mit einem Headset ausgestattet sein, um die Qualität des Tons sicherzustellen.

Bei dieser Interaktionsart ist es ratsam, einen Mann im Hintergrund zu haben, der als Moderator die Aufgabe übernimmt, die Mikrofone der Teilnehmer an- und auszuschalten, sodass nicht permanent über alle Kanäle gesendet wird. Dies führt sonst zu Performancemängeln und zu störenden Hintergrundgeräuschen.

Oftmals müssen Sie Ihre Teilnehmer direkt zur Interaktion auffordern. Bei derart kleinen Gruppen, wo die Meldung über Audio- und auch Video-Feed möglich ist, können Sie direkt einzelne Teilnehmer mit Namen ansprechen und nach deren Meinung oder einer Lösung der Aufgabe fragen. Dies schärft die Aufmerksamkeit der gesamten Gruppe.

Natürlich sind auch Wortmeldungen mit direktem mündlichem Feedback eine gute Sache für Ihren Vortrag. Jedoch können einige dieser Kommentare kritischer Natur sein. Stellen Sie sich also darauf ein, Ihren Teilnehmern direkt und persönlich zu antworten, um Kritik zu begegnen und konstruktiv zu kommentieren. Bleiben Sie hierbei immer höflich und auch freundlich. Mehr zum Umgang mit schwierigen Teilnehmern finden Sie im nächsten Kapitel.

**Chatfunktion**

Die Chatfunktion in den Virtual-Classrooms sind vor allem für Webinare mit vielen Teilnehmern geeignet, die nicht alle über Video- oder Audio-Feed zugeschaltet werden können. Über den Chat können Sie generelles Feedback zum Webinar einholen und auch um andere Interaktionen bitten. Auch hier können Fragen von den Teilnehmern beantwortet werden und natürlich auch für das Fragenstellen für die Fragerunde am Ende gesammelt und vorsortiert werden.

Repräsentative Umfragen können Sie mit dem Chat nicht durchführen, da Sie auch nie sicher sein können, wie viele Ihrer Teilnehmer Ihnen hierüber antworten und Sie auch keine Möglichkeit der schnellen Auswertung haben.

Auch bedenken müssen Sie, dass der Chat oftmals eine gewisse Verzögerung zu Ihrer Stimme aufweist und Sie auf Fragen erst mit einer kurzen Verzögerung eine Antwort bekommen werden.

Wenn Sie ein Team im Hintergrund haben, können Sie den Chat, statt eine offene Chatform zu wählen, bei der alle Beiträge sofort sichtbar werden, auch moderieren lassen. Dies bedeutet, dass die Beiträge zunächst nicht sichtbar sind und erst durch jemanden freigegeben werden müssen.
So können Sie unqualifizierte Kommentare zurückhalten, Fragen sammeln und an der passenden Stelle dem Referenten zukommen lassen und technische Schwierigkeiten gesondert mit den betroffenen Teilnehmern klären, ohne dass dies im Chat erscheint.

Welche Form des Chats Sie wählen, ist abhängig von Ihrer Zielgruppe, aber vor allem von der Größe des Teams, das Ihnen zur Verfügung steht. Wenn Sie ein Webinar vollkommen selbst halten und dieses live präsentieren, dann ist es sehr schwierig für Sie, sich auf Ihren Vortrag zu konzentrieren und gleichzeitig den Chat zu lesen und Fragen zu beantworten. Hierfür wäre ein Moderator an Ihrer Seite sehr hilfreich, der den Chat zumindest sichtet, um eine grobe Sortierung von Fragen vorzunehmen und auf Kommentare reagieren kann.

**Umfragen**

In den meisten Virtual-Classroom-Systemen können Sie im Vorfeld des Webinars Umfragen einpflegen und vorbereiten. Diese können Sie dann in Echtzeit von Ihren Teilnehmern durchführen lassen und bekommen die Ergebnisse mit einer kurzen Verzögerung direkt ausgewertet, sodass Sie sofort nach einer Umfrage das Ergebnis präsentieren und besprechen können.

Umfragen können Sie anonymisiert durchführen. Dies sollten Sie Ihren Teilnehmern vor Beginn der Umfrage mitteilen. Es kann eventuell bestehende Hemmungen lösen und so mehr Leute dazu bringen, mit Ihrer Umfrage zu interagieren. Erfahrungsgemäß antworten dennoch niemals 100 % Ihrer Teilnehmer auf Ihre Umfrage. Deshalb sollten Sie ca. bei 80 %

Beteiligung das Ergebnis präsentieren und mit dem Besprechen beginnen.

Sie können oftmals entscheiden, ob die Umfrage direkt Ihren Webinar-Teilnehmern angezeigt wird oder ob Sie zuerst selbst das Ergebnis sehen können. Wichtig ist, auch wenn das Ergebnis nicht so ausfällt, wie Sie erwartet haben, dass Sie ein Umfrageergebnis niemals unkommentiert lassen! Ihre Teilnehmer möchten die Ergebnisse wissen, wenn Sie sich schon die Mühe gemacht haben, mit abzustimmen.

Umfragen werden oftmals als Ja-/Nein-Fragen formuliert, doch auch Single- oder Multiple-Choice und ein Freitext als Antwortmöglichkeiten können eingebaut werden. In der Regel sollten Sie bei Multiple- oder Single-Choice-Fragen die Antworten auf drei bis fünf Stück begrenzen. Auch zu beachten ist, dass Ihre Umfrage bei kleineren Endgeräten, wie Smartphones, richtig angezeigt werden muss. Hier sollte die angezeigte Seite eine Frage und alle Antwortmöglichkeiten enthalten, um eine Verfälschung der Umfrage zu vermeiden.

Umfragen können Sie nun zu unterschiedlichen Zwecken einsetzen. Beispielsweise können Sie vor Beginn des Live-Webinars abfragen, wie Ihre Teilnehmer ein Thema einschätzen, wie deren Vorkenntnisse sind oder auch, was Sie sich von dem Webinar erhoffen. Auch Schätzfragen können eingebaut werden. Hier können Sie einen Aha-Effekt erzeugen, wenn Sie die Umfrageergebnisse mit den exakten Zahlen abgleichen. Dies kann auch zu einem leichteren Erlernen führen.

Auch als Bewertung können Umfragen eingesetzt werden. Entweder ganz am Ende des Webinars, als Gesamtbewertung oder auch wenn Sie einen von mehreren Themenblöcken abgeschlossen haben. Damit können Sie auch prüfen, wie es um die Aufmerksamkeit Ihrer Teilnehmer bestellt war, indem Sie Verständnisfragen stellen.

Als Marktforschungsinstrument können Sie diese Umfragen ebenfalls verwenden, um mehr über Ihre Teilnehmer und potenziellen Kunden zu erfahren.

**Digitales Whiteboard**

Das digitale Whiteboard kann entweder wie das echte Whiteboard eingesetzt werden, wenn Sie so eines nicht zur Verfügung haben, oder kann auch für kleinere Umfragen oder Interaktionen mit Ihren Teilnehmern genutzt werden.

Hier können Sie beispielsweise Bilder einblenden und Ihre Teilnehmer auffordern, in den Bildern bestimmte Bereiche zu markieren. Beispielsweise können Sie Emojis ankreuzen, um ihre momentane Stimmung zu kommunizieren oder Sie machen eine

Themenumfrage, bei der Ihre Teilnehmer ebenfalls Kreuze setzen müssen.

Das digitale Whiteboard eignet sich auch sehr gut zur Eisbrecheraktivität zu Beginn des Online-Webinars. Gerade, wenn Sie planen, dieses Tool später im Verlauf des Webinars noch einmal produktiver einzusetzen, ist es von Vorteil, Ihre Teilnehmer den Umgang damit erst einmal üben zu lassen – beispielsweise mit dem Eisbrecher.

# UMGANG MIT SCHWIERIGEN TEILNEHMERN

Leider kommt es in der Anonymität des Internets oftmals zu unsachlichen Äußerungen einzelner Menschen. Oftmals treibt gerade diese Anonymität an und lässt Menschen Dinge sagen, die sie von Angesicht zu Angesicht niemals sagen würden.

Es ist sehr verunsichernd, wenn Sie in Ihrem Live-Webinar mit so etwas konfrontiert werden. Hier ist es hilfreich, wenn Sie sich im Vorfeld ein genaues Schema zurechtgelegt haben, wie Sie mit solchen unsachgemäßen Äußerungen umgehen wollen.

Oftmals sind es auch einfach Kommentare, die gar nicht böse gemeint waren, sondern in einem Missverständnis entstanden sind oder sich im weiteren Verlauf des Webinars noch auflösend beantworten lassen.

1. Bleiben Sie auf alle Fälle ruhig und sachlich.

Oftmals wollen die Personen, von denen Sie und Ihr Vortag auf unsachliche Weise angegriffen werden, womöglich sogar beleidigen, damit diese erreichen, dass Sie sauer werden und sich auf eine Diskussion einlassen. Dies sollten Sie in jedem Falle vermeiden. Distanzieren Sie sich also von der Situation. Der Angriff kann Sie als Person nicht in Ihrem Wert herabsetzen und in keiner Weise verletzen.

2. Überprüfen Sie oder gegebenenfalls Ihr Moderator, der den Chat mitliest und kontrolliert, ob die Nachricht öffentlich oder privat geschickt wurde.

Auf private Nachrichten sollte niemals öffentlich geantwortet werden. Oftmals will Ihr Gegenüber genau dies erreichen, um den Fluss des Webinars zu stören. Antworten Sie oder einer Ihrer Moderatoren also privat. Oftmals sind es Probleme, die sich in einer sachlichen Diskussion oder mit einer kurzen Erklärung lösen lassen.

3. Lohnt sich eine Reaktion Ihrerseits?

Sie müssen entscheiden, ob Sie auf den Kommentar reagieren wollen oder nicht. Wenn Sie sich entschieden haben, den Kommentar und den dahinterstehenden Kommentator zu ignorieren, lassen Sie sich nicht weiter aus dem Konzept bringen und verbannen Sie jeden Gedanken daran, um mit Ihrem Webinar weiterzumachen.

4. Öffentliche Kritik

Ist eine unsachliche Kritik öffentlich im Chat erschienen, müssen Sie allerdings darauf reagieren. Dies stärkt Ihre Souveränität. Der Kommentar wird wie eine normale Frage behandelt. Verlesen Sie also den Namen des Kommentators und seinen Kommentar. Sprechen Sie dabei vollkommen ruhig, um in keiner Weise den Verdacht aufkommen zu lassen, der Kommentar könne Sie persönlich getroffen haben. Zeigen Sie stattdessen Ihre Verwunderung und fordern Sie den Kommentator zu einer Stellungname heraus. Hier können Sie Ihre restlichen Teilnehmer einbeziehen, indem Sie beispielsweise sagen: *Bitte erklären Sie uns, wie Sie zu diesem Standpunkt kommen.*
Ihr Teilnehmer hat nun die Möglichkeit, gar nicht zu antworten, dann haken Sie das Thema mit einem kurzen: „scheint sich erledigt zu haben" ab und fahren mit dem Vortrag fort.

Er reagiert auf sachliche Weise und erklärt seinen Standpunkt. Wenn es sich um ein Missverständnis handelt, können Sie nun mit dem Kommentar verfahren, wie Sie es mit jeder Frage tun, und aufklärend antworten. Wenn Sie aus einem bestimmten Grund die Frage nicht beantworten wollen oder können, dann sagen Sie dies offen und verweisen Sie beispielsweise auf Richtlinien.

Er reagiert auf unsachliche, unangebrachte Weise. Dann können Sie dem Kritiker den Wind aus den Segeln nehmen, indem Sie ihm mitteilen, auf dieser Ebene keine Diskussion mit ihm führen zu wollen. Beispielsweise könnten Sie sagen: „Ihre Kommentare entsprechen nicht der Art, wie wir in diesem Webinar miteinander kommunizieren wollen. Daher werde ich von nun an nicht mehr darauf eingehen."

Natürlich haben Sie, oder besser der Host des Events, die Möglichkeit, den Teilnehmer zu blockieren, sodass dieser nichts mehr in den Chat schreiben kann, oder Sie können ihn sogar aus dem Webinar entfernen. Wenn Sie dies tun, kommunizieren Sie es offen und ehrlich mit den anderen Teilnehmern. Verweisen Sie gern auf Community-Richtlinien oder Social-Media-Regeln und Richtlinien, die Ihnen das Entfernen eines störenden Teilnehmers, beispielsweise zum Schutz der restlichen Gruppe, erlauben.

# Webinar-Nachbereitung - Follow-up

Wenn Ihr Webinar zu Ende ist, heißt das nicht, dass Sie nun Feierabend haben. Es folgt die Nachbereitung und das Follow-up des gesamten Live-Webinars. Auch bei Webinaren, die nicht live abgehalten wurden, sondern online zum Abruf bereitstehen, ist eine regelmäßige Nachbereitung wichtig. Denn auch dort können Ihre Teilnehmer Ihnen Feedback senden und über diese Interaktionen können Sie Ihr Webinar stets verbessern und aktuell halten.

**Hinweise auf Folgeveranstaltungen**

Beginnen Sie direkt nach dem Webinar mit der Planung und Erstellung eventueller Folgeveranstaltungen. Weisen Sie Ihre Teilnehmer im Call-to-Action, in einer

Folge-E-Mail oder im Newsletter, in den sie sich nach Ende des Webinars eintragen konnten, auf Aktionen hin, die im Zusammenhang mit dem gebuchten Webinar stehen.

Dies können auch ergänzende Produkte sein, wie unter dem Kapitel *Add-ons* besprochen. Also beispielsweise Bücher oder ein Podcast.

Dies soll bezwecken, dass Ihre Kunden neugierig bleiben und wenn ihnen Ihr Webinar gefallen hat, können Sie durch eine direkte Präsentation Ihrer anderen Produkte eine gute Kundenbindung erreichen und Ihre Teilnehmer buchen gern ein weiteres Webinar von Ihnen oder besuchen Sie auf einer kommenden Veranstaltung.

**Befragungen**

Dieser Punkt fällt unter Feedback. Befragen Sie Ihre Teilnehmer, beispielsweise mit kurzen Fragebögen, die Sie über E-Mail verschicken oder die Ihre Teilnehmer noch auf der Webinar-Seite direkt im Nachgang ausfüllen können.

Klassischerweise sollten diese Fragen mit dabei sein:

- Was hat Ihrem Teilnehmer besonders gut gefallen und was überhaupt nicht?

- Welche Punkte waren nicht gut dargestellt oder bedürfen noch weiterer Erklärung?
- Was hat in der Präsentation gefehlt?
- Wurden die Erwartungen, die das Webinar geweckt hat, erfüllt?
- Was haben Ihre Teilnehmer aus dem Webinar mitgenommen?

**Nachkommunikation**

Hier kommen nun alle Plattformen zum Einsatz, die Sie auch im Marketing genutzt haben, also über die Sie Ihre Webinar-Teilnehmer eingeladen haben.

Über diese Kanäle können Sie Ihren Teilnehmern nun beispielsweise die Ergebnisse der durchgeführten Umfrage oder von am Ende gestellten Aufgaben präsentieren und noch ein paar Informationshappen verteilen. Beachten Sie dafür, dass Sie, gerade Ergebnisse einer Umfrage oder einer gestellten Aufgabe, sehr schnell präsentieren sollten, sodass Ihre Teilnehmer noch genau wissen, wovon Sie reden und was Sie ihnen mitteilen wollen. Bedenken Sie, dass Teilnehmer, die schon einmal dabei waren und denen Ihr Webinar gefallen und geholfen hat, gern ein weiteres Ihrer Webinare buchen, wenn Sie ihnen dies im Nachgang anbieten.

**Zusatz-Content verteilen**

Schicken Sie Ihren Teilnehmern weiterhin Content. Dies kann eine PDF-Datei sein, die die Webinar-Inhalte zusammenfasst, oder kleinere zusätzliche Informationen, die tiefer in die besprochene Thematik einsteigen.

Diese Zusatzleistungen werden von Webinar-Teilnehmern gern angenommen und auch wertgeschätzt.

Natürlich kann dies auch genutzt werden, um kleine Teaser zu präsentieren, die dann gleich wieder die Neugierde für das nächste Webinar wecken.

# Wirksamkeit des Webinars

Letztendlich wollen Sie mit Ihrem Webinar etwas ganz Bestimmtes erreichen. Bei der Beurteilung, ob Ihr Webinar die Wirksamkeit erreicht hat, die sie geplant haben, gibt es einige Kennzahlen, sogenannte Key-Performance-Indikatoren, die Ihnen bei der Bewertung helfen können.

Oftmals wird die Wirksamkeit auch erst in der Durchführung des Call-to-Action gemessen. Hierbei bieten Sie Ihren Teilnehmern durch ein gekonntes Follow-up immer wieder die Möglichkeit, das beworbene Produkt zu kaufen oder ein weiteres Webinar der Reihe zu buchen.

## TEILNEHMER-REGISTRIERUNGEN

Ganz zu Beginn müssen Sie beurteilen, ob Ihr Webinar die gewünschte Teilnehmeranzahl erreichen konnte. Diese ist individuell davon abhängig, welches Format Sie gewählt haben, also ein Live-Webinar mit wenigen Teilnehmern, um persönlicher und interaktiver mit Ihren Teilnehmern kommunizieren zu können, oder ist Ihre Veranstaltung auf größere Mengen an Teilnehmern ausgelegt?

Auch die Teilnehmer, die sich Ihr Webinar nicht live, sondern im Nachhinein als Aufzeichnung ansehen, gehören prinzipiell dazu. Diese Zahl kann beispielsweise vierteljährlich oder einmal pro Monat bestimmt und bewertet werden.

Seien Sie hier ehrlich zu sich selbst und rechnen Sie mit individuell bestimmten Zahlen, die sich nach der Art Ihres Webinars, Ihrer angesprochenen Zielgruppe und dem Thema, über das Sie sprechen, richten.

Wenn Sie mit den Registrierungen nicht zufrieden sind, versuchen Sie zu analysieren, woran dies liegen könnte. Nutzen Sie die richtige Werbeplattform für Ihre Zielgruppe? Wenn Sie beispielsweise auf Instagram werben, erreichen Sie andere Schichten und Altersklassen, als wenn Sie Annoncen in der Zeitung schalten.

Werfen Sie außerdem einen kritischen Blich auf Ihr Marketing. Ist der Teaser packend genug? Die

Einleitung provokant und die Beschreibung neugierig machend?
Vielleicht ist auch der Preis ein Hindernis. Hier müssen Sie für sich selbst entscheiden, wie günstig Sie Ihr Webinar Ihren Kunden anbieten wollen, oder ob Sie es vielleicht sogar kostenfrei zur Verfügung stellen und dafür im Call-to-Action und im Follow-up versuchen, Umsatz über Käufe Ihrer Teilnehmer zu generieren.

Gerade auch bei Webinar-Reihen sind die Teilnehmer bereit, für Folgekurse mehr zu bezahlen, wenn Sie sie im ersten Webinar mit Ihrer Kompetenz und der Thematik überzeugen konnten.

**Key-Performance-Indikatoren**
Um den objektiven Erfolg Ihrer Teilnehmer-Registrierungen zu bestimmen, eignen sich folgende Kennzahlen:

1. Zielgruppen-Trennschärfe

Diese beschreibt den Anteil der Teilnehmer aus Ihrer Zielgruppe an der gesamten Teilnehmerschaft. Beispielsweise geben Sie ein Webinar für Ärzte. Unter Ihren Teilnehmern könnten allerdings auch Mitarbeiter der Pharmaindustrie, der Apothekenverbände oder Heilpraktiker sein. Die Trennschärfe wird in Prozent angegeben.

2. Zielgruppen-Durchdringung

Dieser Wert gibt an, wie viele Personen Ihrer Zielgruppe sich für Ihr Webinar registriert haben. Dazu sollten Sie die Gesamtzahl an Ärzten (zum Beispiel in ganz Deutschland) kennen, sodass Sie einen prozentualen Anteil errechnen können.

3. Konversionsrate

Diese Zahl gibt an, wie viele Besucher Ihrer Landing-Page oder anderer Marketing-Seiten sich registriert haben und wie viele ohne eine Registrierung die Seite wieder geschlossen haben.

4. Cost per Registration

Diese Kennzahl beschreibt die durchschnittlichen Kosten für eine Registrierung und wird gemessen am Gesamtbudget, welches Sie für den Bereich Marketing rund um Ihr Webinar ausgegeben haben.

# ANWESENDE TEILNEHMER

Fallen Sie nicht darauf rein, die Registrierungen gleichzusetzen mit den anwesenden Teilnehmern. Es gibt immer einen gewissen Ausfall an Teilnehmern, die zwar registriert waren, aber dann aus verschiedenen Gründen doch nicht an Ihrem Live-Webinar teilnehmen.

Oftmals wird der Termin schlicht vergessen. Hierfür können Sie vor Webinar-Beginn Erinnerungs-Mails verschicken und Ihre Teilnehmer so an das gebuchte Webinar erinnern. Gerade, wenn es sich um ein kostenpflichtiges Webinar handelt, können Sie mit diesem Service Kundenzufriedenheit generieren. Auch gibt es Teilnehmer, die sich anmelden, um im Nachhinein Zugriff auf die Aufzeichnung des Live-Webinars zu haben und dieses dann in Ruhe ansehen zu können.

**Key-Performance-Indikatoren**

Die messbaren Indikatoren sind die **Show-Rate** und die **Non-Show-Rate**. Unter der Show-Rate versteht sich die Anzahl registrierter Teilnehmer, die dann auch zum Live-Termin erschienen sind.

Bei kostenfreien Webinaren können Sie grob damit rechnen, dann ein Drittel bis die Hälfte der registrierten Teilnehmer am Live-Event auch wirklich anwesend ist.

## VORZEITIGER ABBRUCH EINZELNER TEILNEHMER

Mit dem Key-Performance-Indikator **Drop-out-Rate** können Sie erfassen, wie viele Ihrer eingeloggten Teilnehmer auch bis zum Ende Ihrer Veranstaltung dabei sind oder ob sich eine auffallend große Zahl Teilnehmer schon früher ausgeloggt hat.

Ein verfrühter Abbruch kann mehrere Gründe haben. Einerseits könnte der Teilnehmer bemerkt haben, dass das Webinar sich doch nicht lohnt, da er einer anderen Zielgruppe angehört. Hier sollten Sie die Beschreibung Ihres Webinars und die Zielgruppenansprache optimieren. Andererseits kann es auch mit der Präsentation durch den Moderator zusammenhängen. Ist dieser schlecht vorbereitet? Fehlen ihm entscheidende Informationen, sodass ein inkompetenter Eindruck entsteht? Dieses kann Ihre Teilnehmer verärgern und frustrieren, sodass diese das Webinar frühzeitig abbrechen.

Um herauszufinden, warum die meisten Teilnehmer das Webinar verlassen haben, sollten Sie sich den Zeitpunkt genauer ansehen, was sich in den wenigen Minuten zuvor im Webinar abgespielt hat. War es ein bestimmtes Thema, bei dem viele Teilnehmer ausgestiegen sind oder technische Schwierigkeiten?

Hierzu sind auch Rückmeldungen Ihrer Teilnehmer wichtig, wie sie im Kapitel zur Nachbearbeitung bereits besprochen wurden.

Generell können Sie die Drop-Out-Kurve in drei Teile unterteilen.

Teilnehmer, die sehr früh, innerhalb der ersten fünf bis zehn Minuten, Ihr Webinar wieder verlassen, haben oftmals mit technischen Schwierigkeiten zu kämpfen oder können sich beispielsweise nicht in den Virtual-Classroom einwählen. Dies ist eine Tatsache, die Sie in keiner Weise beeinflussen können.

Teilnehmer, die innerhalb des Webinars aussteigen, hängen meist direkt mit der Vortragsqualität zusammen. Hier sollten Sie, wie soeben erklärt, Ihr Webinar und Ihren Vortrag im Nachgang analysieren, Fehler aufdecken und Verbesserungen für den nächsten Vortrag ausarbeiten.

Generell können zwei verschiedene Szenarien zu einem Ausstieg Ihrer Teilnehmer führen. Einerseits sollten Sie vermeiden, dass Ihre Teilnehmer sich langweilen, durch zu wenig Informationen, die Sie ihnen liefern. Andererseits ist auch eine Überladung mit Informationen nicht gut. Hier sind Ihre Teilnehmer schnell überfordert und wissen sich nicht anders zu helfen, als das Thema sein zu lassen und das Webinar zu schließen.

Finden Sie hier also einen guten Mittelweg der Informationsdichte, sodass Sie Ihre Teilnehmer nicht an die Grenze ihrer Aufnahmekapazität und ihrer Konzentrationsfähigkeit bringen.

Gründe für einen späten Drop-out können terminlicher Natur sein oder mit der erschöpften Geduld Ihrer Teilnehmer zusammenhängen. Gerade, wenn Ihre Zuhörer Ihre Call-to-Action verpassen, kann das den Erfolg Ihres Webinars schmälern. Wenn Sie also viele späte Drop-outs verzeichnen, kürzen Sie beispielsweise Ihr Webinar, um dies möglichst zu vermeiden.

## AUFMERKSAMKEIT, VERSTÄNDNIS UND ÜBERZEUGUNG

Ihr erklärtes Ziel ist es, mit dem Webinar zu überzeugen. Egal, ob Sie eine Produktpräsentation vorführen, an deren Ende eine Kaufhandlung stehen soll, oder ob Sie Ihre Teilnehmer fortbilden.

Entscheidend für den Erfolg des Webinars, und ob Ihre Teilnehmer Ihren Call-to-Action am Ende ausführen, ist unter anderem, wie aufmerksam Ihre Zuhörer Ihnen durch die Präsentation folgen, wie gut Sie sie verstehen und wie erfolgreich Sie darin waren, Ihre Teilnehmer zu überzeugen.

Diese Daten sind sehr schwer bis gar nicht objektiv erfassbar. Hier können Sie durch Rücksprache mit Ihren Teilnehmern, beispielsweise durch eine abschließende Evaluation, Hinweise erhalten. Auch während des Events im Chat gestellte Fragen können Rückschlüsse auf die Verständlichkeit Ihres Vortrags bieten. Wenn vermehrt Rückfragen zu einem bestimmten Thema kommen, sollten Sie Ihre Erklärung in diesem Bereich vertiefen.

Wenn Sie es schließlich schaffen, Ihre Teilnehmer von Ihrer Meinung oder beispielsweise Ihrem Produkt zu überzeugen, ist der Call-to-Action am Ende erfolgreicher. Nur Kunden, denen Sie die Vorzüge eines Produkts so präsentiert haben, dass sie darin die

Lösung ihrer Probleme sehen, werden dieses Produkt nun auch kaufen.

# Checklisten für Ihr Webinar

In diesem Abschnitt finden Sie einige Checklisten, die Ihnen die Erstellung Ihres Webinars erleichtern und dafür sorgen, dass Sie nichts bei den Vorbereitungen vergessen. Natürlich sind die Listen individuell erweiterbar und müssen auf sehr spezielle Webinar-Themen oder Formate angepasst werden.

# CHECKLISTE SEMINARBESCHREIBUNG

Um Ihr Webinar erfolgreich zu machen, müssen Ihre Kunden es buchen. Und damit Ihre Kunden Ihr Webinar kaufen, sollten Sie eine aussagekräftige Beschreibung des Webinars bieten.

1. **Headline**: Die Überschrift muss genau zeigen, was der Zweck des Webinars ist.
2. **Unterzeile**: Diese kleinere, zweite Überschrift darf ca. 15 Wörter enthalten und kann beispielsweise als Nutzerversprechen formuliert werden.
3. **Organisatorische Daten** zu Datum, Uhrzeit, Format, Teilnahmevoraussetzungen, der Plattform, auf der das Webinar läuft, und eventuellen Pausen.
4. **Kurzbeschreibung**: Hier können Sie mit ca. 400 Wörtern Ihr Webinar bewerben. Was macht gerade dieses Webinar für Ihre Kunden so interessant? Warum dürfen Sie es auf keinen Fall verpassen? Welche Probleme lösen Sie mit diesem Webinar für Ihre Kunden und Teilnehmer?
5. **Ausführlichere Beschreibung**: Manche Ihrer potenziellen Kunden möchten ganz genau wissen, welche Inhalte sie in einem Webinar erwarten, da dies die Kaufentscheidung beeinflusst. In einer längeren, ausführlicheren Beschreibung gehen Sie

auf alle Punkte ein, die Sie in Ihrem Webinar erklären und / oder zeigen wollen. Diesen Text können Sie mit Überschriften und Unterüberschriften formatieren und die Versprechen untermauern, die Sie Ihren Teilnehmern geben.

6. Der **Referent**: Auch den (oder mehrere) Moderator sollten Sie kurz vorstellen. Gern zusätzlich zum Namen und der Vita auch den Titel des Referenten nennen, seine Qualifikation hervorheben und glaubhaft darstellen, warum es sich bei Ihrer Wahl des Referenten um den geeigneten Spezialisten handelt. Damit schaffen Sie erstes Vertrauen in Ihre Kompetenz, sodass sich Ihre Teilnehmer sicher sein können, kompetent und fachlich bei Ihnen und Ihrem Referenten gut aufgehoben zu sein.
7. Ein **Bild** ist zum Erhaschen der Aufmerksamkeit Ihrer potenziellen Teilnehmer sehr wichtig. Oftmals ist es ein aussagekräftiges Bild, welches Ihre Teilnehmer anklicken, und erst dann mit dem Lesen der Beschreibung beginnen. Auch Bilder des Referenten sollten Sie einfügen.
8. **Verstärker** einsetzen. Verstärker sollen die Besucher Ihrer Landing-Page, auf der Sie die Seminarbeschreibung präsentieren, direkt zum Kaufen animieren. Hierbei eignet sich je nach angesprochener Zielgruppe der eine oder andere Verstärker mehr oder weniger gut.

a. Sie können die Praxistauglichkeit Ihres Webinars ansprechen, indem Sie konkrete Beispiele bringen, oder Produkttests von Kunden, die Ihr Webinar bereits genutzt und Ihr Produkt gekauft haben, anbringen.
b. Auch die Begrenzung der Teilnehmerzahl kann ein sinnvoller Verstärker sein.
c. Die Aussicht auf ein Gratis-Goodie, ein Gewinnspiel oder ein kleines Geschenk regt ebenfalls die Kaufbereitschaft an.
d. Wenn Sie mit Verbänden oder Institutionen zusammenarbeiten und beispielsweise mit einer Akkreditierung Ihrer Veranstaltung punkten können, weisen Sie Ihre Teilnehmer darauf hin. Dies schafft Vertrauen.
e. Auch die Aussicht auf ein Zertifikat, welches Sie Ihren Teilnehmern nach erfolgreicher Absolvierung des Webinars anbieten, kann verlockend sein und die Kaufentscheidung beeinflussen.
f. Um Ihre Zielgruppe gezielt und speziell anzusprechen, können Sie auch beschreiben, für welche Bereiche, Berufsgruppen oder Teilnehmer das Webinar nicht geeignet ist.

## CHECKLISTE ABLAUF WEBINAR

Mit dieser kurzen Checkliste können Sie sich den Ablauf Ihres Webinars nochmal vor Augen führen.

1. Vorphase: Hier betreten Sie den Warteraum und führen eventuelle letzte Technikchecks durch. Auch Ihre Teilnehmer betreten den Warteraum.
2. Einführung: Hierzu gehören die Begrüßung, die Vorstellung der Referenten, die Eisbrecher-Aktivität, das Darstellen von Versprechen und Lernzielen.
3. Inhalte vermitteln: Hinter diesem Block verbirgt sich das eigentliche Webinar, also Ihr Vortrag mit allen geplanten Inhalten und Interaktionen.
4. Abschluss: In die Endphase des Webinars fallen der Call-to-Action, weitere organisatorische Hinweise, oder Hinweise auf weiterführende Webinare derselben Reihe und letzte Worte, die Sie an Ihre Teilnehmer richten wollen.
5. Follow-up und Nachbereitung: Unter diese Phase fällt die Bewertung des Webinars, beispielsweise durch einen Fragebogen, den Sie Ihren Teilnehmern am Ende zur Verfügung gestellt haben. Sie können in dieser Phase auch E-Mails mit Zusatzinformationen an Ihre Teilnehmer schicken oder eventuelle Fragen beantworten, die Ihre Teilnehmer im Nachgang gestellt haben.

# CHECKLISTE FÜR WEBINARE ZUM KOSTENLOSEN HERUNTERLADEN

**Webinar Ziele**

Welche Ziele wollen Sie mit Ihrem Webinar oder Onlineseminar erreichen?

- ☐ Wer ist Ihre Zielgruppe?
- ☐ Was ist der Zweck Ihres Webinars?
- ☐ Stellen Sie den Zusammenhang z.B. zu Ihren Unternehmenszielen dar
- ☐ Definieren Sie wann haben Sie Ihr Ziel erreicht haben (z.B. Anzahl von Käufen, Teilnehmer, etc.)

**Webinar Moderator**

- ☐ Wer ist als Moderator geeignet (hat der Moderator bereits eigene Erfahrungen)? Eignet sich eine Einzel- oder eine Doppelmoderation?
- ☐ Welche Webinar Software soll benutz werden (mit welcher Software hat der Moderator bisher gearbeitet)?
- ☐ Hat der Moderator / Trainer eine eigene Reichweite die Sie nutzen können?

**Webinar Kanäle**

- ☐ Wo wird auf das Webinar aufmerksam gemacht? Auf der eigenen Website?
- ☐ Vermarkten Sie Ihr Webinar auf verschiedenen Social Media Kanälen wie Facebook, Instagram, Pinterest oder weiteren Kanälen?
- ☐ Wer kann Ihnen bei der Vermarktung helfen z.B. beim Teilen von Posts auf den Social Media Kanälen?

**Webinar Inhalte**

- ☐ Haben Sie schon Webinare gehalten oder Themen veröffentlicht die Sie mit einfließen lassen können?
- ☐ Welche Vorteile ergeben sich Ihren Zuhörern durch die Teilnahme (Was ist Ihre Problemlösung)?
- ☐ Wie lange soll das Webinar dauern?
- ☐ Lohnt sich die Gliederung in mehrere Teile / Webinare?
- ☐ Was soll der Teilnehmer am Ende des Webinars oder Onlineseminars tun? „call to action“ („Mehr erfahren“, „Produkte

anzeigen", „Jetzt kaufen", „Besuchen Sie unserer Website unter",...)

**Webinar Kosten**

- ☐ Welche Kosten haben Sie für die Verwendung bestimmter Software und Hardware?
- ☐ Welche Kosten haben Sie für die Nutzung eines externen Moderators?
- ☐ Welche Kosten haben Sie für die Produktion der Webinar und Online Seminar Inhalte?
- ☐ Welche Kosten haben Sie für die Vermarktung?
- ☐ Welche Kosten haben Sie für die Nachbereitung / Reporting / Kaufstatistiken?
- ☐ Sonstige Kosten?

**Checkliste für Webinare zum gratis herunterladen unter folgendem Link:**

https://bit.ly/3876feB

**Oder Scannen Sie einfach mit Ihrem Smartphone den folgenden QR Code:**

# BONUS: DIE BESTEN WEBINAR-PLATTFORMEN IM ÜBERBLICK

In diesem Abschnitt finden Sie eine Reihe an Webinar-Plattformen vorgestellt. Die Übersicht ist längst nicht vollständig. Wenn für Sie noch nicht das richtige Programm dabei ist, lohnt sich sicherlich eine kurze Internetsuche.

Die meisten Programme sind kostenpflichtig, jedoch oftmals mit einer freien Testphase ausgestattet oder bieten einen günstigeren Tarif für die Privatnutzung und ein kostenintensiveres Abo für die kommerzielle Nutzung an.

In der folgenden Tabelle finden Sie eine Reihe von Webinar-Anbietern genannt. Auf einige davon wird nachfolgend etwas genauer eingegangen.

| | | | | |
|---|---|---|---|---|
| Skype | Zoom | GoTo Meeting | Cisco WebEx | Adobe Connect |
| Teams Microsoft | Amazon Chime | WebinarJam | Click Meeting | Blue Jeans |
| Edudip | Lifesize | Demio | Jet Webinar | Webinaris |
| Webinary | AnyMeeting | Easywebinar | | |

**Skype**

Skype kennen Sie sicherlich noch von „früher". Gerade für kleinere Veranstaltungen eignet sich diese Plattform grundsätzlich. Hier ist die Erfahrung, dass bei Veranstaltungen mit bis zu fünf Teilnehmern die Qualität gut ist und die Verbindung sehr stabil läuft. Für Unternehmen gibt es die Chance, Skype Business zu nutzen, welches auch mit mehr Teilnehmern stabil läuft, jedoch einen Vertrag voraussetzt.

Es gibt vor allem für ein größer geplantes Webinar bessere Alternativen. Was Sie wie und wann mit Skype machen können, können Sie online leicht nachlesen. Beispielsweise können Sie Besprechungen ansetzen. Hier versenden Sie Einladungslinks über Ihre Marketing-Kanäle. Die Teilnehmer werden alle per Bild und Ton zugeschaltet, was natürlich eine Obergrenze an Teilnehmern bedeutet. Gerade für firmeninterne Besprechungen ist Skype eine kostengünstige Wahl.

**Zoom**

| | | |
|---|---|---|
| Basis | Kostenlos | Bis zu 100 Teilnehmer |
| Pro | 13,99 € pro Monat | Bis zu 100 Teilnehmer |
| Business | 189,90 € pro Jahr / Lizenz (Start mit 10 Lizenzen) | Bis zu 300 Teilnehmer, 10 Moderatoren |
| Enterprise | 189,90 € pro Jahr / Lizenz (Start mit 100 Lizenzen) | Bis zu 500 Teilnehmer, 100 Moderatoren |

Zoom bietet eine sehr gute Qualität, wenn Sie ein Live-Webinar abhalten wollen. Allerdings leidet die Qualität der Videos, wenn Sie diese im Nachgang herunterladen wollen, sodass diese Plattform vor allem für Livestreams und Live-Webinare geeignet ist.

Die Unterscheidung zwischen dem Basis- und dem Pro-Paket liegt in der Zeit. Meetings, die Sie mit dem Basis-Paket durchführen, sind auf 40 Minuten begrenzt, dann schließt sich der Raum automatisch und ein erneutes Einloggen ist vonnöten. Dies kann, wenn gewünscht, für eine kurze Pause genutzt werden, sodass sich Ihre Teilnehmer danach neu verbinden müssen.

Zoom macht es möglich, in jedem Bereich, egal, ob Webinar, virtuelles Klassenzimmer oder Firmenmeetings, miteinander zu kommunizieren, oftmals über verschiedene Audio-Feeds oder über den Chat.

**GoToMeeting**

| | | |
|---|---|---|
| Professional | 12,00 € pro Monat | Bis zu 150 Teilnehmer |
| Business | 17,00 € pro Monat | Bis zu 250 Teilnehmer |
| Enterprise | Auf Anfrage | Bis zu 3.000 Teilnehmer |

Dieses Tool ist sehr leistungsstark. Auch im Nachgang zum Webinar sind die Videos von sehr guter Qualität und können problemlos heruntergeladen und weiterverarbeitet werden. Hier können Sie ein einmal gehaltenes Webinar entweder genauso erneut hochladen und Ihren Teilnehmern oder neuen Teilnehmern anbieten. Oder Sie laden die Videos zur Bearbeitung herunter und verwenden nur Ausschnitte des Webinars noch einmal. Hier ist all dies problemlos möglich.

Fragen durch die Teilnehmer zu stellen ist per Live-Chat möglich. Per Video ist eine Zuschaltung allerdings nicht bei allen Teilnehmern zu erreichen, hier ist die Anzahl beschränkt auf ca. 15 Video-Feeds.

GoToMeeting bietet eine kostenlose Testphase an, in der Sie das Programm kennenlernen können

**WebinarJam**

| | | |
|---|---|---|
| Basic | 499 $ pro Jahr | Bis zu 500 Teilnehmer, 2 Moderatoren |

| | | |
|---|---|---|
| Professional | 699 $ pro Jahr | Bis zu 2.000 Teilnehmer, 4 Moderatoren |
| Enterprise | 999 $ pro Jahr | Bis zu 5.000 Teilnehmer, 6 Moderatoren |

Von einem Anbieter aus den USA ist die Plattform WebinarJam. Hier kommen Coaches und Online-Trainer voll auf ihre Kosten und können mit den eingebauten Marketingelementen werben. Landing-Pages bietet WebinarJam Ihnen ebenfalls direkt an, was den Verkauf Ihres Webinars vereinfachen kann.

**Microsoft Teams**

Dieses Tool für Webinare ist im Microsoft Office 365 Paket enthalten. Dieses gibt es beispielsweise ab 4,20 Euro im Monat. Werden Sie eingeladen, an einem Webinar teilzunehmen, ist es kostenlos und die Nutzeranzahl ist hier unbegrenzt.

Bei einer hohen Anzahl von Nutzern, die auf Microsoft Teams zugreifen, kommt es momentan noch zu teils erheblichen Performanceproblemen in Bild- und Tonqualität. Dieses Tool sollten Sie also, bevor Sie ein kostenpflichtiges Webinar anbieten, in einem Testlauf ausprobieren, ob es für Ihre Anforderungen ausreichend gerüstet ist.

Es ist möglich, sich mit einer Telefonnummer in das Webinar einzuwählen, zusätzlich zum Zugang über Internet. Dies ist ein Pluspunkt der Plattform, dennoch kam es in letzter Zeit auch immer wieder zu gravierenden Problemen, sodass in manchen Fällen eine Einwahl in das Webinar weder über den Online-Zugang noch über die Telefonnummer möglich war.

Auch die Qualität im Nachhinein, wenn das Webinar aufgezeichnet wurde und im Nachgang noch zur Verfügung gestellt werden soll, ist noch nicht optimiert.

Da diese Probleme nun bekannt sind, wird Microsoft dies vermutlich baldmöglichst beheben, um mit den anderen Webinar-Plattformen konkurrieren zu können. Behalten Sie dieses Tool auf jeden Fall im Hinterkopf. Gerade wenn Sie Microsoft Office sowieso nutzen und es ihnen quasi kostenlos mitgeliefert wird.

**Clickmeeting**

| | | |
|---|---|---|
| Live | 22,00 € pro Monat | 4 Kamera-Feeds, 25 Audio-Feeds |
| Automated | 35,00 € pro Monat | 4 Kamera-Feeds, 25 Audio-Feeds |
| Enterprise | Individuell | Individuell |

Bei allen genannten Paketen ist die Teilnehmerzahl unbegrenzt.

Im „Live“-Paket ist nur das Halten von Live-Webinaren möglich. Dahingegen können im „Automated“-Paket auch fertige Webinare auf Abruf eingestellt werden. Die Plattform bietet auch eine

Möglichkeit, die Webinare direkt darüber zu verkaufen und sofort durch Ihre Kunden abrufen zu lassen.

Qualitativ ist Clickmeeting recht stabil, ohne viele Aussetzer. Gerade die Tonqualität ist, neben dem hochwertigen Aufbau der Plattform selbst, hervorzuheben. Clickmeeting wird von vielen Webinar-Anbietern aufgrund der Einfachheit der Bedienung und der praktischen Features genutzt und ist sehr beliebt.

**Cisco WebEx**

| | | |
|---|---|---|
| Kostenlos | kostenlos | Bis zu 100 Teilnehmer |
| Starter | 12,85 € pro Monat | Bis zu 100 Teilnehmer |
| Plus | 17,30 € pro Monat | Bis zu 100 Teilnehmer |
| Unternehmen | 25,65 € pro Monat | Bis zu 200 Teilnehmer |

Mit diesem Anbieter können Sie Webinare durchführen mit bis zu 3.000 Teilnehmern. Auch größere Online-Events mit bis zu 40.000 Teilnehmern sind auf Anfrage und durch den Support von Cisco WebEx möglich. Online-Schulungen und Lehrveranstaltungen können ebenso abgehalten werden.

Positiv ist der schnelle und freundliche Kundensupport, der eventuelle Probleme und Fragestellungen kompetent lösen kann.

Die angebotenen Pakete, die Sie im Monatsabo buchen können, unterscheiden sich teils erheblich. Im kostenlosen Angebot sind Ihre Meetings auf eine Dauer von 50 Minuten beschränkt. Sie haben eine Videokonferenz-Funktion und die Webinare sind für die Nutzung auf dem Smartphone optimiert.

Im Starter-Paket können Sie Ihre Meetings unbegrenzt abhalten, haben Speicherplatz in der Cloud, können Daten freigeben und bekommen einen Link zu einem individuell anpassbaren „Personal Room". Zusätzlich punktet diese Funktion mit weiteren Features.

Auch die Pakete „Plus" und „Unternehmen" bieten verschiedene weitere Verbesserungen und Features. Hier können Sie sich am besten auf der Internetseite einlesen und im Zweifel den Kundensupport bemühen.

## Adobe Connect

| | |
|---|---|
| Adobe Connect Meetings | Ab 50 $ pro Monat (25 Teilnehmer) |
| Adobe Connect Webinars | Ab 130 $ pro Monat (100–1500 Teilnehmer) |

Auch mit Adobe Connect ist vom kleinen firmeninternen Meeting bis hin zum Webinar mit tausenden Teilnehmern alles möglich.

Hier können Sie zwischen drei Paketen wählen. Das Paket „Adobe Connect Meetings" ist auf das Ausrichten von Online-Meetings zwischen weniger Personen ausgelegt, während „Adobe Connect Webinars" Ihnen als umfassende Komplettlösung für Webinare präsentiert wird. Sie können Ihr Webinar und dessen Umgebung individuell gestalten und bekommen einfach händelbare Analysewerkzeuge von Adobe an die Hand, mit denen Sie die Wirkung und den Erfolg Ihres Webinars bewerten können.

Das dritte Paket trägt den Namen „Adobe Connect Learning" und ist vor allem für das Veranstalten von Live-Events im Virtual-Classroom gedacht. Hier ist die Nutzerplattform auf Interaktion mit Ihren Teilnehmern ausgelegt.

**Amazon Chime**

Dieses Angebot des Konzerns Amazon eignet sich vorwiegend für Firmen, die einen IT-Fachmann haben, der die verschiedenen angebotenen Module auf das Unternehmen zuschneiden kann. Letztendlich kann Chime nicht nur dazu genutzt werden, Online-Meetings abzuhalten, sondern kann die ganze Kommunikation im Unternehmen steuern.

**Edudip**

| | | |
|---|---|---|
| Next 30 | 34,00 € pro Monat | 30 Teilnehmer |
| Next 100 | 69,00 € pro Monat | 100 Teilnehmer |
| Next 500 | 139,00 € pro Monat | 500 Teilnehmer |
| Next 1000 | 244,00 € pro Monat | 1.000 Teilnehmer |

Edudip ist eine Webinar-Plattform „made in Germany“. Hier handelt es sich um eine klassische Webinar-Plattform, die als Virtual-Classroom aufgebaut ist. Sie ist mit Computer, Tablet und Smartphone aufrufbar, besitzt einen einfachen Anmeldeprozess und kann ohne vorherige Installation genutzt werden. Sie haben auch die Möglichkeit, eine Landing-Page mit Edudip zu erstellen und auf Ihrem Dashboard Ihre Webinare und anstehenden Ereignisse zu verwalten. Edudip verfügt außerdem über eine Terminverwaltung und eine Anbindung an Newsletter-Dienste.

Auch mit Edudip ist eine Aufzeichnung der Webinare in optimaler Qualität möglich und für Sie anschließend als MP4-Format zum Download bereitstehend. Es gibt auch eine Bewertungs-Funktion, die Ihnen direktes Feedback Ihrer Teilnehmer geben kann.

Edudip bietet Ihnen die Möglichkeit, ab dem Paket „Next 100“ auch per Telefoneinwahl am Webinar teilnehmen zu lassen. Je teurer das Paket, desto mehr spezielle Features bekommen Sie mitgeliefert. Ab dem „Next 500“ können Sie beispielsweise Ihr Logo im Webinar-Raum anzeigen lassen.

**LifeSize**

Diese Plattform bietet Ihnen nicht nur eine Lösung für Videokonferenzen, sondern bietet Ihnen zusätzlich auch die nötige Hardware, wie Video und Audio-Ausstattung für Ihre Webinar-Produktion an. Hiermit wird eine ortsunabhängige Arbeitsweise unterstützt und ermöglicht.

**JetWebinar**

Dies ist eine amerikanische Webinar-Plattform, die darauf ausgelegt ist, Webinare mit großem Kundenaufkommen zu hosten.

# Schlussbemerkung

Mit diesem Werk halten Sie einen Rundumblick über die Webinar-Welt in der Hand. Bis hierher haben Sie über die Planung, Vorbereitung, Durchführung und Nachbereitung von Webinaren alles gelernt, was Sie wissen müssen. Nun bleibt nicht mehr viel zu sagen, außer dass Sie sich in Ihre Vorbereitungen stürzen können.

Den letzten Tipp, den wir Ihnen mitgeben möchten, ist: Bleiben Sie immer flexibel, was die Gestaltung Ihres Webinars betrifft. Bedenken Sie, dass jede Zielgruppe andere Anforderungen an Sie stellt und jedes Webinar-Thema anders abgehalten werden kann.

Auch jedes Format kann Vor- und Nachteile haben und Sie müssen kein Live-Event durchführen, wenn dies von Ihnen nicht auf eine gute Art betreut werden kann. Haben Sie beispielsweise keinen Moderator, der Sie bei technischen Fragen, dem Verwalten des Chats oder dem Sammeln der Fragen unterstützt, so kann ein Live-Online-Webinar sehr chaotisch werden. In diesem Fall ist es vielleicht besser, ein Webinar zu erstellen, welches im Nachhinein gebucht und angesehen werden kann. Auch hier ist es möglich, mit den Teilnehmern zu interagieren, indem Sie eine Kommentarfunktion einbauen, oder eine E-Mail-Adresse angeben, bei der sich Ihre Teilnehmer bei Problemen und Fragen melden können.

Auch der Call-to-Action sollte Ihr Fokuspunkt sein. Natürlich ist gerade bei Webinaren mit kommerziellem Hintergrund der Call-to-Action wichtig und wird Ihr Dreh- und Angelpunkt sein, da sich hierüber Ihre Einnahmen und Ihr Umsatz generieren lassen.

Natürlich ist gerade bei kostenpflichtigen Webinaren wichtig, dass Sie eine gute bis sehr gute Qualität abliefern. Wenn Sie dies daheim im eigenen Wohnzimmer nicht garantieren können, ist es durchaus ratsam, eine spezialisierte Agentur zu engagieren. Dieser können Sie vieles von den Vorbereitungen überlassen. Natürlich bleibt es an Ihnen, Ihren Vortrag inhaltlich zu gestalten, aber alle Fragen der Technik werden Ihnen bei der Produktion im Studio oftmals komplett abgenommen.

Finden Sie die Form des Online-Vortrags, der Ihnen und Ihrem Unternehmen zusagt, der Ihrer Zielgruppe gefällt und für Sie die besten Ergebnisse liefert. Und nun viel Spaß bei der Erstellung Ihres eigenen Webinars.

# Werte Leserin, werter Leser,

vielen Dank, dass Sie sich für den Titel Wirkungsvolle Webinare entschieden haben! Ich hoffe, dass Sie mit dem Kauf dieses Buches zufrieden sind.

Kundenzufriedenheit ist mir extrem wichtig und ich freue mich, wenn Sie mir Ihre Eindrücke und Feedback mitteilen könnten. Denn dann helfen Sie auch anderen Kunden bei der Auswahl.

Bei Fragen zu dem Buch und weiteren Anliegen stehe ich selbstverständlich gerne zur Verfügung!

Schreiben Sie mir einfach eine Mail an

leserzufriedenheit@web.de.

Vielen Dank,

Ben Kaiser

# Quellenangaben


- Buch: Jens Wilhelm: „Wirksame Webinare und Online-Seminare“.
- https://gunnarschuster.com/webinar-erstellen/
- Webinar: Nicole Remann, Dr. Nikolai A. Behr: „Web-Seminare & Online-Kurse – In 7 Schritten zum Erfolg!“
- YouTube: DIKTMedientraining

# Impressum



2020

wird vertreten durch

c/o Werneburg Internet Marketing und
Publikations-Service
Phillip-Kühner-Straße 2
99817 Eisenach

Printed in Poland
by Amazon Fulfillment
Poland Sp. z o.o., Wrocław

68621305R00110